추천의 말

양자 역학이 없는 현대 문명은 상상조차 할 수 없다. 하지만 일반인들에게 양자 역학은 □□□□□□□□□□□□ 안개에 둘러싸인 카프카의 성처럼 보이□□□□□□□□□□□□□이 주로 역사적 맥락과 의미에 초점□□□□□□□□□□□□□기 때문이다. 친절하고 쉽게 설명하□□□□□□□□□□□□□치우친 경우가 많아서 아쉬웠다.

『김상욱의 양자 공부』는 양자 역학의 거의 모든 분야를 다루고 있다. 균형감 있게 양자 역학의 세계를 맛볼 수 있는 편식 없는 식탁이다. 어려운 내용을 외면하지 않고 직접 다루는 패기가 돋보이는 책이다. 온 정성을 다해서 친절하게 설명하고 있다. 그럼에도 불구하고 양자 역학은 어렵다. 그런 한계도 함께 보여 주는 용기 있고 담백한 책이 바로 이 책이다.

김상욱 교수는 양자 역학의 연구 현장에서 잔뼈가 굵은 연구자다. 일반인들과 양자 역학 이야기를 스스럼없이 나누는 대중 과학자이기도 하다. 그런 그가 자신있게 내놓은 책이 바로 이 책이다. 한번 믿어 보자. 운이 좋다면 안개 가득한 '무진기행'의 힘겨운 여행 끝자락에서 닫혔던 카프카의 성문 사이로 흘러나오는 희미하지만 점점 뚜렷해지는 한 줄기 빛을 볼 수도 있을 것이다. 건투를 빈다. ─이명현(천문학자)

김상욱 쌤이 나에게 양자 역학 책에 관한 추천사를 부탁했을 때 나는 웃었다. 말이 안 되기 때문이다. 이 책을 읽으면서 또 웃었다. 양자 역학 자체가 나에게는 말이 안 되기 때문이다. 재미있다. 맞다. 말이 되는 것은 웃기고 재미있지 않다. 말이 안 되는 것이 웃기고 재미있다. 그래서 이 책은 어렵지만 재미있다. 웃음은 양자 역학이다. 어쨌든 양자 역학에 관한 책의 추천사를 지금 내가 쓰는 것은 양자 도약이다. (아, 이 책을 읽었을 뿐인데 있어 보인다.) ─김제동(방송인)

김상욱의 양자 공부

김상욱의 양자 공부

완전히 새로운
현대 물리학
입문

김상욱

사이언스북스
SCIENCE BOOKS

나의 양자 역학적 바닥 상태,

사랑하는 가족에게

프롤로그
모든 것은 원자로 되어 있다

영화 「터미네이터」를 보면 과학 기술의 발전이 가져올 암울한 미래가 잘 나타나 있다. 인공 지능 컴퓨터가 인류에 반란을 일으키고, 살인 로봇을 만들어 생명체만 보면 닥치는 대로 제거한다. 끔찍한 가정이지만, 인간이 컴퓨터와의 전쟁에서 거의 패하여 전멸 직전으로 내몰렸다고 해 보자. 남은 사람은 과학자인 당신과 아이들 몇 명뿐이다. 남은 인간들을 제거하기 위해 사방에서 터미네이터가 수색 중이다. 모든 영화에서 그렇듯이 당신은 용케 컴퓨터의 가장 중요한 본체 앞까지 잠입해 왔고, 스위치를 누르면 당신과 함께 컴퓨터가 산산조각난다. 그러면 모든 터미네이터들은 동작을 멈추고 적어도 옆방에 있는 아이들은 살아남을 수 있을 것이다. 하지만 그 아이들이 다시 지금과 같은 문명을 일으키려면 대체 얼마나 많은 시간이 필요할까? 당신이 아이들을 위해 할 수 있는 일은 폭파 스위치를 누르는 것 이외에 단 한 줄의 문장을 적어서 남기는 것이다. 당신은 과학자다. 살아남은 인류가 다시 문명을 일으킬 수 있도록 단 하나의 문장에 가장 중요한 단서를 남겨야 한다. 인류의 문명을 한 줄로 응축한 그런 거 말이다. 자, 당신은 어떤 문장을 쓸 것인가?

살다 보니 별 괴상한 질문을 다 받아 본다고 생각할 독자들이 있을지도 모르겠다. 사람마다 답이 다르겠으나, 천재 물리학자 리처드 파인만은 이미 이 질문에 대해 아래와 같이 답한 바 있다.

All things are made of atoms.
모든 것은 원자로 이루어져 있다.

대체 아이들이 '원자'가 뭔지 어떻게 알겠냐고 항의하실 분들은 앞의 이야기를 너무 심각하게 읽으셨다. 우리 시대의 과학이 알아낸 가장 심오하고도 중요한 발견은 모든 것이 원자로 구성되어 있다는 것이다. 빛이 원자로 되어 있냐고 흥분하실 전문가들은 제발 참아 주시기 바란다. 한 문장으로 써야 하기 때문에 모든 세부 사항을 다 고려할 수는 없다. 모든 것이 원자로 되어 있다는 사실이 왜 중요할까? 이제부터 이 한마디 문장이 갖는 의미를 차근차근 생각해 보기로 하자.

아침 일찍 일어나기 힘들어 하는 사람들을 많이 본다. 필자같이 예민한 사람은 자명종이 울리기 5분 전에 일어나 자명종이 울리는 것을 어떻게든 저지한다. 하지만 대부분의 사람들은 자명종 소리와 함께 하루를 시작할 것이다. 요즘은 핸드폰 멜로디로 자명종을 대신하는 경우도 종종 있지만, 이 때문에 멜로디로 설정된 아름다운 음악과 원수지간이 되기도 한다. 귀에 들리는 시끄러운 자명종 소리는 분명 자명종에서 뭔가 우리 귀로 전달되어 뇌에서 인지된 것인데, 대체 '무엇'이 전달된 걸까?

구식 자명종 시계가 있다면 자세히 살펴보라. (핸드폰을 많이들 쓰겠지만 설명이 복잡해지므로 이런 예를 든다.) 작은 망치같이 생긴 것이 금속으로 된 종을 사정없이 때리는 것을 볼 수 있다. 망치에 맞아서 부르르 떨며 진동하는 종이 시끄러운 소리를 만들어 낸 것이다.

이 생각이 옳다는 것을 실제로 증명할 수 있다. 종의 크기나 질량을 바꾸면 일정 시간 동안 종이 진동하는 횟수가 바뀌게 되며, 이에 따라 소리의 높낮이도 변한다. 즉 우리는 종 진동을 듣고 있는 것이다. 자명종 시계가 없다고 끝까지 버티실 분들은 자신의 목에 손을 댄 채로 소리를 내 보시라. 목의 떨림이 느껴질 것이다.

하지만 이 진동은 종이나 목에서 일어나는 것이지, 내 귀와 상관이 없지 않은가? 대체 이 진동이 어째서 내 귀에 들리는 것일까? 이 질문에 대한 합리적인 답은 다음과 같을 수밖에 없다. 내 귀와 자명종 시계 사이에 무엇인가 있어서 그것이 종의 진동을 내 귀까지 전달시켜 주는 것이다. 종에 가느다란 실이 달려서 내 귀의 고막까지 연결되어 있다면 종의 진동이 바로 내 귀에 전달되지 않겠는가! 물론 실제 이런 실은 어디에도 없다. 나와 자명종 시계 사이에는 그냥 텅 빈 공간뿐이다.

이 간단한 현상을 이해하려고 해도 우리는 아무것도 없어 보이는 내 주위의 공간이 무언가로 가득 차 있다고 가정해야 한다. 이 '무엇'을 200년 전 누군가 기체라고 명명했으나, 오늘날 우리는 이것이 원자나 원자 몇 개로 이루어진 분자임을 안다. 우리 주변의 빈 공간은 사실 기체로 가득 차 있다. **기체는 원자로 이루어져 있다.** 따라서 아침에 일어나서 우리가 제일 처음 듣는 소리는 바로 이 원자들의 진동이다.

이제 눈은 떴는데, 일어나기가 싫다. 눈앞에 보이는 것은 책상 위의 컴퓨터. 항상 그 자리에 있는 것이지만, 오늘 따라 유난히 그 존재가 눈에 띈다. 컴퓨터는 왜 우리 눈에 보일까? 컴퓨터는 꺼져 있다. 따라서 컴퓨터가 보이는 것은 외부의 태양광이 여기저기 반사하여 집 안까지 들어와서 컴퓨터에 부딪히고, 그 일부가 결국 내 눈에 도달했기 때문이다. 이것이 옳음을 보여 주는 실험들은 수없이 많다. 가장 기본적인 명제는 **컴퓨터는 원자로 이루어져 있다.**는 것이다. 빛이 컴퓨터에 부딪혔다고 했는데, 대체 이게 무슨 말일까? 빛은 컴퓨터 케이스를 구성하는 원자에 부딪혀서 일부 흡수되기도 하고 반사되기도 한다. 결국 빛이 컴퓨터에 부딪혔을 때, 어떻게 행동할지를 결정하는 것은 컴퓨터 케이스를 구성하는 원자들이다.

사람의 몸이 보이는 것도 똑같은 이치이다. **사람의 몸은 원자로 구성되어 있다.** 어떤 빛은 사람의 몸을 구성하는 원자들은 그냥 지나치지만 뼈를 구성하는 원자들과 상호 작용한다. 이 빛을 이용하면 몸속의 뼈를 볼 수 있다. 엑스선이다.

"어떻게 빛이 원자와 상호 작용하여 그냥 지나치기도 하고 반사하기도 한단 말인가? 빛은 과연 무엇인가?" 하고 질문을 하고 싶은 독자들이 있을 듯하다. 이 물음에 대한 답은 바로 이 책에서 다뤄야 할 가장 중요한 주제의 하나이기 때문에 뒤로 미뤄 둔다. 이 정도면 일단 프롤로그의 목적이 달성되어 가고 있다고 생각된다.

이제 겨우 일어나 침대에 걸터앉아 있는데, 맛있는 된장찌개 냄새가 코를 자극한다. 집사람이 여기를 읽는다면 이렇게 물을 것이 분명하다. "이 된장찌개 설마 내가 한 것은 아니겠지?" 이제 눈치 빠른 독자라면 아까 이야기한 자명종 소리와 비슷한 문제가 생긴 것을 알아챘으리라. 어떻게 부엌의 된장찌개 냄새가 내 코까지 온 것일까? 답은 **된장찌개는 원자로 구성되어 있다.**이다.

사실 냄새의 기본 단위는 원자에 있다기보다 분자에 있다. 허나 분자라는 것이 원자들로 이루어져 있는 것이니 이렇게 이야기하면 좀 어색해도 틀린 말은 아니다. 된장찌개를 구성하는 재료는 무지무지 복잡하고 많다. 우선 물이 있고 된장이 있다. 된장은 콩으로 만든 것인데, 콩을 발효시킨 것이니까 발효 세균의 시체도 다량 함유하고 있다. 어쨌든 이런 유기물은 아주 복잡한 분자들로 구성되어 있다. 하지만 대개의 경우 단백질, 지방, 탄수화물로 이루어져 있는데, 원자로 보면 탄소, 산소, 질소, 수소가 대부분이라고 해도 과언이 아니다. 물론 원자에서 시작해서 된장의 구수한 맛까지 오려면 화학과에 가서 제대로 공부해야 한다.

아무튼 끓이기 전까지 얌전히 있던 된장찌개의 원자, 분자 들이 가열되어 끓으면 공간으로 훨훨 날아가서 온 집안의 구석구석까지 퍼져 나간다. 끓고 있는 된장찌개를 확대해서 볼 수 있다면 무엇이 보일까? 원자가 보일 정도까지 확대하는 것이다. 그러니까 웬만한 돋보기로는 어림도 없다. 현재 인간이 가진 최고의 기술로도 끓고 있는 된장찌개의 원자, 분자들을 실시간으로 직접 보는 것은 쉽지 않다. 암튼 이렇게 보는 것이 가능하다고 하자. 찌개가 끓기 전 우리는 서로 느슨하게 묶여 있는 듯 움직이는 액체 상태의 원자, 분자들을 볼 수 있다. 하지만 찌개의 온도가 올라감에 따라 원자들이 점점 빠르게 요동치기 시작하여, 어떤 원자들은 찌개를 떠나 하늘로 날아오르는 것을 보게 될 것이다. 사실 찌개가 끓기 전에도 항상 일부의 원자들은 이런 식으로 찌개를 떠날 수 있다. 하지만 찌개가 끓으면 이런 원자들이 걷잡을 수 없이 많아진다. 하늘로 날아 오른 원자들은 지구 중력으로 인해 낙하 운동을 해야 하지만 온도로 인한 속도가 워낙 빨라 이 효과는 거의 무시할 만하다.

된장찌개 냄새에 잠이 완전히 깼다. 이제 세수하러 가야 하는데, 그러자면 다리를 움직여야 한다. 다리는 왜, 어떻게 움직일까? 우선 내가 다리를 움직여야겠다는 생각을 하고, 이 생각이 뇌파로 만들어져서 다리 근육에 전달되어 다리가 움직인다. '생각이 무엇인가?' 하는 문제는 쉬운 문제가 아니니 일단 지나가자. 그렇다면 뇌파는 무엇일까?

　자, 우선 **뇌는 원자로 구성되어 있다.** 뇌파란 전기의 펄스이다. 컴퓨터와 같은 전자 회로에서는 전자들이 움직여서 전기 펄스를 만든다. 펜티엄 컴퓨터의 속도가 3기가헤르츠라는 말을 하는데, 이것은 1초에 30억 회 전기 펄스가 이동한다는 뜻이다. 물리적으로 보았을 때, 전기 펄스를 만들기 위해 반드시 전자가 필요한 것은 아니다. 전하(電荷)를 가진 물질만 있으면 된다.

　뇌에서 만들어지는 전기 펄스는 전하를 가진 칼륨 원자들과 나트륨 원자들이 움직여서 만든다. 편의상 칼륨만 가지고 이야기하자. 전문 용어로 전하를 가진 칼륨 원자를 '칼륨 이온'이라 하는데, 이는 칼륨 원자에서 전자를 하나 떼어낸 것이다. 칼륨 이온이 움직이는 장소는 뇌를 이루는 신경 세포(뉴런)의 세포막이다. 신경 세포의 세포막을 확대하여 보면 칼륨 원자들이 빠르게 세포막의 안과 밖을 오가며 펄스를 만드는 것을 볼 수 있다.

　세포막에는 칼륨이 지나다닐 수 있는 작은 통로가 있는데, **세포막의 원자 통로는 원자로 구성되어 있다.** 이 통로는 놀랍게도 특별한 원자만 선택적으로 투과시키는 기능을 가지고 있어, 오로지 칼륨 원자만 통과시킨다. 이 기능이 마비되면 뇌파를 만들 수 없어 우리는 죽게 된다. 뇌파가 없으면 왜 죽을까? 심장이 뛰고 호흡을 하는 것도 소뇌에서 만들어진 뇌파가 끊임없이 그렇게 움직이라고 심장과 허파의 근육에게 명령하는 것이기 때문이다. 이런 명령이 내려지지 않는다면 어떤 일이 벌어질 것인지 자명하다.

자, 이제 다리를 움직여 화장실로 가서 문을 열기 위해 문고리를 잡았다. **내 손도 원자로 되어 있고 문손잡이도 원자로 되어 있는데**, 내가 문고리를 잡았을 때 왜 이 두 원자들이 서로 섞이지 않는 것일까? 원자에 '손 원자', '문고리 원자' 이렇게 쓰여 있는 것일까? 그럴 리는 없다. 이런 글자가 쓰여 있다면 **그 글자도 원자로 되어 있어야 하는데**, 글자를 이루는 원자도 다시 '글자 원자'라고 쓰여 있어야 하고, 이 글자 원자라고 쓰여 있는 글자도 또 글자 원자를 글자 원자라고 나타내는 원자라고 쓰여 있어야 하는데……, 여기서 마치자. 이건 말이 안 된다.

손이 문고리를 잡은 순간, 손과 문고리 사이를 확대하여 보면 다시 원자들이 보일 것이다. 손을 이루는 원자들은 무엇인가로 서로 단단히 묶여 있으며, 문고리를 이루는 원자들도 마찬가지 방식으로 서로 묶여 있다. 아직 원자의 구조에 대해 이야기하지 않았지만, 원자는 음전하를 띤 전자들로 둘러싸여 있다. 사실 손과 문고리가 서로 맞닿았을 때, 이 둘이 서로 하나가 되지 않는 것은 원자를 둘러싼 전자들이 서로 전자기력으로 밀어내기 때문이다. 그렇다면 손과 손을 맞잡으면 두 손이 하나가 되어 버리나? 이것이 사실이라면 아무도 악수를 하려고 하지 않을 것이다. 여기서 분명한 것은 전자들 사이에 전자기력이 있어 서로 밀어내는 것은 분명하지만, 어떤 때에는 한데 뭉쳐 손을 만들기도 한다는 사실이다. 뿐만 아니라 원자들 사이의 이러한 결합과 밀어냄이 내 손과 다른 손을 구분하게 만들어 주기도 한다. 대체 원자는 결합할 때와 밀어낼 때를 어떻게 알고 있는 걸까? 하나를

김상욱의 양자 공부

알았더니 열을 모르게 되어 버린 상황이랄까?

　양치질을 하다 거울을 보니 아직 부스스한 내 얼굴이 보인다. 좋든 싫든 나는 부모와 닮았다. 물론 닮지 않은 사람도 있겠지만, 그건 필자의 책임이 아니다. 왜 자식은 부모와 닮았을까? 이에 대한 합리적인 대답은 부모로부터 무엇인가 자식에게 전해졌기 때문이다. 아니 땐 굴뚝에 연기 나랴. 이 '무엇'이 유전 물질이라는 것은 이제 삼척동자도 안다. 21세기는 생명 과학의 시대 아닌가? 유전 물질이란 다름 아닌 DNA다. **DNA는 원자로 되어 있다.** 여기서 DNA의 과학에 대해 이야기할 생각은 없다. 그것만으로 몇 권의 책을 쓰고도 부족할 것이기 때문이다. 다만, 다시 강조하지만, DNA도 우리 주위를 날아다니는 기체나 구수한 된장찌개, 책상 위에 놓인 컴퓨터를 구성하고 있는 원자들과 똑같은 원자들의 집합체이다. 다만 원자들이 다른 형태로 조립되어, 다른 역할을 하고 있을 뿐이다.

　아직 세수도 못 했지만, 한 가지 사실은 분명하다. 세상에서 일어나는 모든 일들을 이해하기 위해서는 그 모든 것을 이루고 있는 원자를 이해해야 한다. 원자의 세계에서 일어나는 현상을 설명하는 과학이 바로 이 책의 주제인 **양자 역학**이다. 이쯤 되면 양자 역학이 궁금해질 법도 한데.

사랑의 양자 역학 [1]

전자의 위치는 자체로 실재하지 않는다.

양성자같이 조그마한 계집애가

광자같이 이중적이던 그 계집애가

나노미터보다 더 짧은 파장으로 나를 측정한다.

순간, 나는

보어의 수소처럼

사정없이 그녀의 위치로 붕괴해 버렸다.

번쩍 광자를 내며, 클릭 소리를 내며

심장이

바닥에서 들뜬 상태까지

주기 운동을 계속했다.

첫사랑이었다.

차례

1부

1장 양자 역학의 하루

모두 양자 역학이 어렵다는 것은 안다. 대체 무슨 내용이 들었기에 그렇게 어렵다고들 하는 것일까? 간단한 비유로 이야기를 시작하는 편이 좋을 듯하다. 양자 역학은 원자 세계를 기술하는 학문이다. 원자 세계에서 일어나는 일들이 일상 생활에서도 일어난다면 어떤 모습일지 한번 살펴보자. 이름하여 가상 드라마 「양자 역학의 하루」!

「프롤로그」에서 만들어 둔 된장찌개를 맛있게 먹고, 출근을 위해 집을 나선 순간부터 시작해 보자. 어째 오늘은 좀 이상하다. 분명 문을 열고 집을 나선 것 같은데 아직 그대로 집안에 있다. 아직 잠이 덜 깼나? 어리둥절해 서 있는데 몸이 저절로 움직이는 것 아닌가.

어라, 왜 이러지? 내가 어디 있는지 알려고 하면 할수록 몸이 점점 더 빨리 움직이는 것 같다. 움직이는 방향과 속도도 제멋대로다. 이건 분명 꿈일 거야. 눈을 감고 조용히 마음을 비우자 몸의 움직임이 좀 둔해지는 듯하다. 다시 침실로 돌아온 건가? 내 위치를 알려고 하는 순간 다시 몸이 빠르게 움직여서 정신을 차릴 수가 없다. 충분히 이상하다는 걸 알았으니 이제 그만하자고 말하려는 순간, 문밖에 나와 있는 자신을 발견한다. 벽을 그냥 통과한 것 아니야? 나 죽지 않고 살아 있는 것 맞아?

일단 집을 나왔다는 사실에 감사하며 지하철 플랫폼으로 빠르게 발걸음을 옮긴다. 출근 시간이라 이미 사람들로 발 디딜 틈조차 없다. 안내 방송이 나온다.

"이번에 들어오는 양자 열차는 해운대역으로 갈 확률이 35퍼센트, 부산역으로 갈 확률이 65퍼센트입니다. 열차가 정확히 언제 들어올지 아무도 모르니 항상 주의해 주시기 바랍니다."

사람들이 웅성거리기 시작한다.

"확률의 차이가 너무 적잖아. 오늘은 늦으면 안 되는데 이번 열차를 타야 하나 말아야 하나."

모두 바보가 되어 버린 것인가? 해운대역과 부산역은 정반대 방향이니까 열차가 들어오는 것을 보면 어디로 갈지 알 수 있을 것 아냐? 혼자 천재가 된 듯 의기양양하게 서 있는데, 옆에서 들리는 이야기는 더욱 가관이다.

갑: "도착해서 문이 열리기 전까지 열차의 목적지가 어딘지는 아무도 모른다네. 기관사는커녕, 철도청장, 아니 대통령도 모르지."

을: "아니 그렇다면 확률은 이야기해서 뭐하나?"

갑: "나는 그동안 양자 열차를 매일 이용해 왔는데, 지금까지 열차가 도착한 역을 확률로 계산하면 거의 정확히 35퍼센트는 해운대역, 65퍼센트는 부산역이야."

을: "아니 그렇다면 누군가 그렇게 조종하고 있다는 건가?"

갑: "절대 그렇지 않다네. 이게 우리 지하철의 미스터리지. '안 슈탄'이라는 이가 열차 운행을 배후 조종하는 이가 있다고 주장한 적이 있어. 하지만 부산 지하철 공사를 상대로 소송을 냈다가 결국 졌다더군. 그 바람에 '상대송' 아파트 분양으로 번 돈을 몽땅 잃었대."

부산역에 가야 하는데 해운대역에 도착해 버렸다. 이런 젠장, 확률이 35퍼센트라더니. 다시 지하철을 탈 엄두가 나지 않아 해운대의 아무 카페에 들어갔다. 아침부터 정신이 없었기에 잠시 숨 돌릴 필요가 있었다. 헌데 카페 이름이 좀 특이했다. '보쏜' 카페. 뭐지? 무얼 보존하겠다는 건가? 모르겠다.

"어서 오세요. 보쏜 카페에 오신 것을 환영합니다. 저쪽 테이블에 같이 앉아 주세요."

아니 카페 주인이 미쳤나? 이미 사람이 앉아 있는 자리에 가서 앉으라니. 자세히 보니 그 자리에는 이미 하나의 의자에 5명의 사람이 같이 앉아 있는 것이 보였다. 그런데 모두들 별로 불편해하는 것 같지 않았다. 신기하기는 했지만 이건 아니다 싶어 카페를 나가려는데 갑자기 등 뒤에 뭔가 부딪히는 느낌이 들었다. 돌아보니 카페 주인이 나를 향해 뭐라고 이야기를 하고 있었다. 이제는 얼굴에 뭔가 콩 같은 것이 부딪히기 시작했다.

"저는 단지 이야기를 하고 있을 뿐입니다. 제 목소리가 입자로 바뀐 것은 양자 역학 때문이지 제 탓은 아니랍니다."

소리가 입자로 바뀌어서 내 몸에 맞고 있는 것이라고? 아마 주문도 안 하고 나가 버리는 손님이 미웠을 것이다. 그러니 작은 콩알을 던지며 소심한 복수를 하는 것이 분명하다. 치사하다. 그러면서 소리가 입자로 바뀌었다는 허무맹랑한 말을 하다니. 이런 불친절한 카페는 인터넷에 올려 매장을 시켜야 하는데. 이런 생각을 하며 빠르게 카페 문을 나섰다. 하도 고생을 해서 그런지 벌써 허기진다. 뭐 먹을거리가 없나 두리번거리니, 보쫀 카페 바로 옆에 '펠푠' 국수라는 식당이 보인다. 이름도 괴상하다. 쫄면, 밀면도 아니고 펠푠? 펠면이겠지. 식당을 들어서자마자 주인이 소리를 지른다.

"지금 들어오신 손님, 빨리 시속 16킬로미터로 달려 주세요!"

이건 또 뭔가. 식당 안에는 손님 넷이 있었는데, 모두 국수 그릇을 들고 뛰면서 국수를 먹고 있었다. 재미있는 것은 네 사람 모두 뛰는 속도가 다르다는 것이다. 주인도 앉아 있지 못하고 계산대 앞을 서성이고 있었다. 엉겁결에 달리는데, 뒤이어 다른 손님이 들어왔다.

"자, 지금 새로 오신 분은 시속 18킬로미터입니다!"

생각해 보니 난 여기 쉬려고 들어온 것이지 뛰려고 들어온 것이 아니지 않은가? 주인에게 좀 앉아서 국수를 먹으면 안 되겠냐고 하자, 주인이 답하기를, 정지하는 것은 불가능하고 대신 자기처럼 천천히 걸으면서 식사를 하라고 말해 준다. 내가 주인처럼 걷기 시작하자 동시에 주인이 시속 16킬로미터의 속도로 뛰는 것이 보였다. 우리 둘은 뛰는 속도를 맞바꾼 것이다! 할머니 한 분이 식당에 들어오려다 가 시속 18킬로미터로 뛰는 사람을 보고 이내 발걸음을 돌렸다. 그때 주인이 이렇게 말한다.

"손님, 죄송하지만 좀 빨리 드시면 안 될까요? 제가 이렇게 아침부터 시속 16킬로미터로 뛰면 하루를 버티기가 힘들어서요."

다행히 시속 8킬로미터로 뛰던 손님이 주인과 속도를 맞바꿔 주인은 한결 나아진 듯 보였다. 주방 안을 둘러보니 시속 4킬로미터는 주방장, 시속 6킬로미터는 종업원의 몫이었다.

지금까지의 이야기를 듣고도 이상하다는 생각이 들지 않는 사람은 양자 역학을 제대로 이해할 가능성이 있다. 그 사람은 필히 물리학을 전공하기 바란다. 왜냐하면 천재 물리학자 파인만이 양자 역학을 완전히 이해한 사람은 이 세상에 단 한 사람도 없다고 했기 때문이다. 잘하면 당신은 양자 역학을 완전히 이해한 최초의 사람이 될지도 모른다. 노벨상을 받을 확률도 높다. 먼저 정신 병원에 들어가지만 않는다면 말이다.

앞에 나온 괴상한 이야기는 바로 원자들의 세상에서 지금 이 순간에도 지속적으로 일어나고 있는 일들이다. 이런 일들이 일어나지 않으면 이 우주가 현재의 모습으로 존재할 수 없다. 이 책을 다 읽고 나서, 다시 이 장을 읽어 보시라. 모든 내용이 새롭게 다가올 것이다. 이제 본격적으로 양자 역학 이야기를 시작해 보자.

2장 양자 역학의 핵심, 양자 중첩

양자 역학을 이해한 사람은 아무도 없다고 안전하게 말할 수 있다.

— 리처드 파인만[1]

당신이 어떤 것을 할머니에게 설명해 주지 못한다면, 그것은 진정으로 이해한 것이 아니다.

— 무명씨[2]

양자 역학을 할머니가 이해할 수 있게 설명하는 것은 애초에 불가능한 미션이다. 하지만 우리는 양자 역학이 없이 하루도 살 수 없다. 불가능해도 시도해 봐야 하는 이유다. 양자 역학 없이 살 수 있다고 생각하는 사람들이 있을지도 모르겠다. 그렇다면 우선 이 책을 전자책으로 보는 데 사용하고 있을 컴퓨터나 스마트폰부터 처분하고 시작해야 한다. 종이책으로 보고 있다고 회심의 미소를 지으실 분들은 형광등을 끄시길. 텔레비전을 포함한 거의 모든 전자 장치를 버릴 차례인데 벌써 포기하시다니. 화학, 생물은 아직 시작도 안 했다.

원자의 '생얼'

양자 역학은 원자를 기술하는 학문이다. 원자가 어디 있는지 궁금하면 그냥 고개를 들어 주위를 둘러보면 된다. 모든 것은 원자로 되어 있으니까. 맛있는 와플도 원자로 되어 있다. 칼로 와플을 둘로 나누고, 그 반을 다시 둘로 나누고, 또 나누고 해서 **27번** 정도 나누면 원자 하나의 크기에 도달한다. 즉 그 크기가 0.00000001센티미터라는 이야기다.

원자는 크기만 작은 것이 아니다. 그곳에서는 우리의 상식으로 도저히 이해할 수 없는 일이 일어나고 있다. 우선 원자가 어떻게 생겼는지 한번 살펴보자. 원자는 구형(球形)의 솜사탕과 비슷하다. 그 한가운데 작은 씨가 들어 있다. 물론 나무 막대는 없다. 솜사탕의 솜은 전자, 씨는 원자핵이라 부른다. 전자는 음전하, 원자핵은 양전하를 띠는데, 양전하와 음전하의 양이 정확히 일치하여 전체적으로 중성의 상태를 형성한다. 음양의 조화랄까? 원자핵은 원자 무게의 대부분을 차지하지만, 그 크기가 원자 반지름의 **10만분의** 1에 불과하다. 무지무지

작다는 뜻이다. 전자가 그 주위를 돌아다니고 있는데, 이 녀석이 어떻게 돌아다니고 있는지를 기술하는 것이 양자 역학이다. 물론 전자가 솜사탕같이 끈적거리는 것은 아니다.

전자는 작은 알갱이다. 전자를 바람개비에 쏘아 주면 바람개비가 돌아간다. 질량을 가지고 있다는 말이다. 원자가 솜사탕 같다고 했는데, 좀 더 자세히 보면 태양계와 비슷하다. 솜사탕에 대한 비유는 전자가 어디에 있는지 정확히 알 수 없기 때문에 쓴 것이다. 알갱이라면서 어디 있는지 모른다니 이게 무슨 말이냐고 물으신다면, 아직은 설명할 수 없다고 답할 수밖에 없다. 이것이 양자 역학의 핵심이기 때문이다.

원자들 중에 가장 작고 단순한 수소를 보면 원자핵과 전자가 각각 1개씩 있을 뿐이다. 지구 주위에 달이 도는 것과 비슷하다. 하지만 그 실제 크기에 대해서 이야기할 필요가 있다. 수소 원자핵이 농구공만하다면 전자는 대략 10킬로미터 밖에서 움직이고 있다고 보면 된다. 서울 같은 대도시 중심에 농구공만한 원자핵이 있고 도시 외곽에 전자 하나가 홀로 외로이 날아다니고 있는 것이 원자의 모습이다.

전자는 크기가 거의 없을 만큼 작기 때문에,[3] 서울시만한 공간 안에 농구공 말고는 아무것도 없이 텅 비어 있다는 말이다. 우리의 몸도 원자로 되어 있다. 따라서 우리 몸은 사실상 텅 비어 있다. 다른 모든 물질도 마찬가지다. 재물에 욕심을 갖지 마시라. 모두 비어 있는 것이다.

色卽是空 空卽是色.

색즉시공 공즉시색.

"물질이 빈 것과 다르지 않고 빈 것이 물질과 다르지 아니하다." 그렇다면 왜 모든 것이 텅 빈 것으로 보이지 않는 걸까?

본다는 것은 대상에 빛이 부딪혀 반사하여 내 눈에 들어온 것을 말한다. 원자가 텅 비어 있지만 빛이 투과하지 못하고 튕겨 나온다면 적어도 내 눈에는 빛을 튕겨 낸 뭔가가 있는 것으로 보인다. 결국 원자는 텅 비어 있지만 빛이 투과하지 못하여 꽉 찬 걸로 보인다는 뜻이다. 물론 인간이 볼 수 있는 빛은 가시광선뿐이다. 다른 종류의 빛인 엑스선이나 감마선 같은 것은 몸을 그냥 뚫고 지나간다. 엑스선으로 뼈를 볼 수 있는 이유다. 그럼 왜 가시광선은 튕겨 나오고 엑스선은 투과할까? 이것도 양자 역학이 답을 해 준다.

그렇다면 이 문제는 어떤가? 손바닥으로 책상을 누를 때, 왜 손이 책상을 뚫고 지나치지 않는 걸까? 보통 이런 질문은 미친 사람이나 하는 것이다. 손과 책상이 무엇인가로 꽉 차 있는데 어떻게 투과한다는 말인가?

여기서 말하는 '무엇'이 다름 아닌 원자다. 원자는 꽉 찬 걸로 보이지만, 사실 텅 비어 있다고 했다. 그래도 전자가 있다. 원자와 원자가 가까워지면 우선 전자들끼리 만나게 된다. 전자들끼리는 서로 같은 부호의 전하를 가지고 있어 서로 싫어한다. 전문 용어로 하자면, 척력이 작용하여 밀어낸다. 그래서 손은 책상을 투과할 수 없다.

그래도 기왕 책상을 누르는 김에 강하게 눌러 보자. 힘을 가하면 원자가 작아질 수 없을까? 전자의 궤도 반지름이 10퍼센트로 줄어들 수 있다면 책상도 같은 비율로 작아질 수 있다는 말이다. 그렇다면 이상한 나라의 앨리스처럼 크기가 변할 수 있다. 원자가 텅 빈 것이라면 눌렀을 때, 원자가 작아질 수도 있을 것 같은데 말이다. 더구나 작아지는 데는 큰 제약도 없다. 어차피 원자핵은 전자를 좋아한다. 서로 전기적 인력으로 당기고 있다. 하지만 전자는 허용된 최소의 반지름보다 더 작은 궤도를 돌 수 없다. 즉 어느 이하로 줄어들 수 없다는 말이다. 왜 그러냐고? 이것 역시 양자 역학이 답해 준다.

결국 원자를 이해하려면 전자의 운동을 이해해야 한다. 무거운 원자핵은 가만히 있고, 전자가 그 주위를 분주하게 움직이기 때문이다. 다시 서울시만한 원자를 생각해 보자. 당신이 부산에서부터 원자를 향해 접근한다면 처음 만나게 되는 것은 전자다. 농구공 크기의 원자핵은 사대문 안까지 들어가야만 볼 수 있다. 전자가 당신을 싫어해서 밀어낸다면 원자핵을 보기란 불가능할 것이다. 실제 원자들끼리 만났을 때에도 먼저 마주치는 것은 언제나 상대방의 전자다. 전자들끼리는 서로 미워한다. 밀어낸다는 말이다. 따라서 원자핵끼리 만나기는 힘들다. 나중에 보겠지만, 전자들이 언제나 서로 미워하는 것은 아니다. 때로 함께하기도 한다. 원자가 결합을 이룰 수 있는 이유다. 그렇지 않다면 당신은 존재할 수 없다.

전자의 이중 슬릿 실험

전자의 운동을 이해하기 위해 물리학자들이 했던 실험은 다음과 같다. 벽에 2개의 구멍을 뚫고, 벽을 향해 전자를 쏜다. 원자 안에 있는 전자의 운동을 연구해야지, 이게 뭐냐고 투덜거릴 사람이 있을 수 있다. 뭐든 쉬운 것부터 차근차근해야 한다. 그렇다고 이 문제가 쉽다는 뜻은 아니다. 이제 곧 보겠지만, 벽을 향해 전자 하나를 쏘는 실험이 쉬울 것이라고 생각한다면 큰 오산이다.[4]

여기서 무슨 일이 일어날지 이해하기 위해 몇 가지 사전 지식이 필요하다. 만약 당신이 여러 개의 야구공을 하나씩 쏜다면 일부는 벽에 맞고 튕겨 나올 것이고, 일부는 구멍을 통과하여 벽 뒤에 있는 스크린에 도달할 것이다. 벽에 부딪힌 야구공에는 관심 없다. 우리는 오직 구멍을 통과하여 스크린에 도달한 야구공만 고려할 것이다.

구멍의 모양은 길쭉한 직사각형 형태다. 이렇게 생긴 구멍을 '슬릿'이라고 한다. 이런 구멍이, 아니 슬릿이 나란히 2개 있으니 '이중 슬릿'이란 멋진 이름을 붙여 주자. 야구공에 접착제를 발라 스크린에 달라붙도록 만든다면, 스크린에는 구멍을 지난 야구공이 달라붙어 만든 2개의 줄무늬가 생길 것이다. 여기까지는 쉽다.

자, 이번엔 실험 장치를 물에 담고 물을 출렁여서 물결을 만들어 보자. 물결, 그러니까 물의 파동이 2개의 슬릿을 통과하여 벽 뒤로 진행하는 것을 볼 수 있다. 물결은 다시 각 슬릿을 중심으로 동심원을 그리며 전 공간으로 퍼져 나간다. 슬릿이 2개이므로 동심원도 2개, 이렇

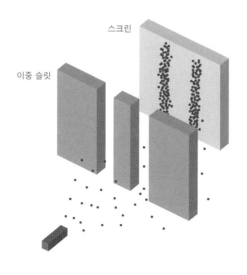

스크린

이중 슬릿

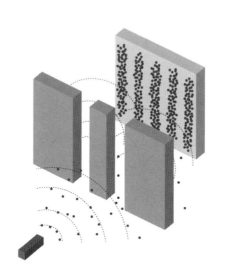

그림 2.1 전자의 이중 슬릿 실험. 전자가 입자라면 이중 슬릿을 통과할 때 2개의 줄무늬가 생겨야 한다. 하지만 실제로는 파동이어야만 가능한 여러 개의 간섭 무늬를 관찰할 수 있다. 전자가 입자인 동시에 파동이기 때문이다.

게 만들어진 2개의 동심원은 서로 뒤섞이며 마루와 골로 이뤄진 아름다운 무늬를 만든다. 이 결과 스크린에는 간섭 무늬라 불리는 여러 개의 줄무늬가 생긴다.

야구공은 2개의 줄무늬를 이루고, 물결은 여러 개의 줄무늬를 이룬다. 바로 이것이 이중 슬릿을 통과할 때, 입자(야구공)와 파동(물결)이 보이는 극명한 차이다. 여기에 전자를 쏘아 보면 어떻게 될까? 앞서 전자가 작은 알갱이, 즉 입자라고 했으니 2개의 줄무늬가 나올 것으로 예상된다. 따라서 이런 실험을 왜 하는지 이해가 안 될 수도 있다. 하지만 실제 전자로 실험을 해 보면 파동의 성질인 여러 개의 줄무늬가 나오게 된다. 자, 다시 말하겠지만, 이중 슬릿을 통과해 지나간 전자가 2개의 줄무늬가 아니라 여러 개의 줄무늬를 보인다. 이 결과를 이해하는 것이 바로 양자 역학의 알파요 오메가다. 물론 처음 이것을 본 물리학자들은 '멘붕'[5] 상태에 빠지지만 말이다.

멘붕의 이유는 간단하다. 입자와 파동은 완전히 다르기 때문이다. 이건 남자와 여자만큼이나 다르다. 예를 들어 보자. 이중 슬릿을 통과할 때 하나의 입자는 한 번에 1개의 슬릿만을 통과할 수 있다. 2개의 슬릿을 동시에 지날 수는 없다는 말이다. 양자 세계에 들어온 이상 이렇게 당연한 걸 일일이 말해야 한다. 파동은 2개의 슬릿을 동시에 통과할 수 있다. 위치를 이야기하기 애매하기 때문이다.

소리도 파동의 한 예다. 지금 한번 "재물포"라고 말해 보라. "재물포"라는 소리는 어디에 있나? 이상한 질문이다. 암튼 내가 이 말을 하면 내 앞에 있는 사람들이 동시에 이 소리를 듣는다. 파동은 여기저기 동시에 존재하는 것이 가능하다는 이야기다. 동심원을 그리며 퍼져 나가기 때문이다.

전자가 파동과 같은 줄무늬를 보였기 때문에 파동이라고 한다면, 이중 슬릿을 동시에 지났어야 한다. 실제로 물리학자들은 전자가 2개의 슬릿을 동시에 지난다는 표현을 사용한다. 아참, '재물포'는 '재 때문에 물리 포기했어.'란 은어다. 전자를 1개만 쏘면 어떻게 되나? 좋은 질문이다. 사실 소리는 셀 수가 없지만 전자는 입자니까 셀 수 있다. 전자를 단 하나만 보내서, 벽에 걸리지 않고 스크린에 도달했다면 단 하나의 점이 찍힌다. 그렇다면 아까 이야기한 여러 개의 줄무늬는 무슨 말인가? 줄무늬라는 것 자체가 여러 개의 전자를 필요로 하는 것 아닌가?

진실은 이렇다. 전자를 한두 개 보내서는 무늬 따위가 생기지 않는다. 한두 개의 점만 찍힐 뿐이다. 하지만 수천 개의 전자를 보내면 수많은 점이 만들어 내는 패턴이 나타난다. 이 패턴이 2개의 줄무늬가 아니라 여러 개의 줄무늬라는 것이다.

오호라, 그렇다면 혹시 전자들끼리 서로 짜고서 파동과 같은 무늬를 만드는 것이 아닐까? 전자가 생명이 있는 것은 아닐 테니, 좀 고상한 용어로 하자면 전자들 사이의 상호 작용으로 이런 무늬가 만들어질 수도 있다는 생각을 해 볼 수 있다는 것이다.

전자한테 물어볼 수는 없으니 실험을 해야 한다. 전자를 가지고 이중 슬릿 실험을 다시 하는데, 이번에는 전자를 하나씩 띄엄띄엄 보낸다. 즉 전자 하나를 쏘고 그 녀석이 스크린에 찍히는 것을 확인한다음에야 다음 전자를 쏜다는 말이다. 당연한지는 모르겠지만, 이렇게 해도 파동의 무늬는 여전히 나타난다. 물론 충분히 많은 전자가 스크린에 찍힐 때까지 기다려야 한다.

정리해 보자. 첫째, 파동의 패턴은 여러 개의 전자가 만드는 결과를 종합하여 얻어진다. 둘째, 개개의 전자는 특별히 그런 결과를 의식하거나, 다른 전자와 정보를 교환하거나 하지 않는다. 이제 도약이 필요하다. 그렇다면 전자 하나의 입장에서 패턴은 확률적 결과라고 생각할 수 있지 않을까? 주사위를 던지면 1의 눈이 6분의 1의 확률로 얻어진다. 물론 주사위를 한 번 던질 때는 아무런 패턴도 없다. 그냥 여섯 가지 숫자 가운데 아무거나 나온다. 하지만 주사위를 6,000번 던지면 대략 1,000번은 1의 눈이 나온다. 전자가 보여 주는 여러 개의 줄무늬는 확률적 파동이 만들어 낸 결과라는 뜻이다.

전자는 입자다. 전자로 바람개비를 돌릴 수 있다. 하지만 전자가 2개의 구멍을 지나는 동안 파동처럼 행동한다. 이때의 파동은 **확률파동**이다. 따라서 전자의 운동을 기술하는 방정식이 있다면 그것은 **파동 방정식**이어야 한다.

양자 역학이 나오기 전 입자의 운동은 뉴턴의 운동 방정식 $F = ma$ 로 기술되었다. 여기엔 질량과 힘이 나온다. 따라서 전자의 파동 방정식도 질량과 힘(또는 퍼텐셜 에너지)을 포함하고 있어야 한다. 양자 역학에 등장하는 파동 방정식을 '슈뢰딩거 방정식'이라 하며, 이 파동은 전자가 발견될 확률을 나타낸다. 가급적 수식을 쓰지 않으려 했지만 슈뢰딩거 방정식은 중요하니까 구경만 하고 가자. 많은 분들에게는 수식이 아니라 그림으로 보일 것 같다.

$$i\,\hbar\,\frac{\partial\,\psi}{\partial\,t} = -\,\frac{\hbar^2}{2m}\,\nabla^2\psi + V\psi.$$

이것으로 양자 역학의 핵심은 다 이야기했다. 하지만 대체 이게 무슨 말인지 모를 분들이 대부분이리라. 그건 여러분의 잘못이 아니다. 물리학자들도 처음에 어리둥절해 했으니까. 사실 이제부터 질문이 터져 나와야 정상이다. 대체 무엇 때문에 확률이라는 개념이 나와야 하는 것일까? 전자가 정말로 2개의 구멍을 동시에 지나가나? 하나의 전자가 둘로 쪼개졌다가 다시 하나가 되는 것인가? 모두 답하기 어려운 질문들이다. 이런 질문들에 대한 답은 앞으로 하나하나 짚어 볼 것이다. 일단 여기서는 전자가 확률의 파동이라는 것이 원자에서 어떤 의미를 가지는지만 이야기하자. 이 모든 것은 원자를 이해하려고 시작한 것이니까.

원자는 왜 붕괴하지 않나?

원자핵과 전자는 서로 다른 부호의 전하를 갖기 때문에 전기적으로 인력이 작용한다. 마치 태양과 지구 사이에 인력이 작용하는 것과 같다. 서로 당기니까 들러붙어 버릴 수도 있지만, 초기 조건에 따라 원 궤도 운동을 할 수 있다. 사실 이것은 바로 '뉴턴의 사과' 문제다. 사과는 땅으로 떨어지는데 달은 왜 안 떨어지나? 답은 "둘 다 떨어지고 있다."이다.

달이 떨어지고 있다고? 그렇다. 달도 지구로 낙하하고 있다. 사과는 그냥 가만히 놓았기 때문에 땅으로 떨어지는 것이다. 만약 사과를 야구공처럼 던지면 포물선을 그리며 날아가다가 땅에 닿을 것이다. 대포로 쏘거나 로켓에 매달든가 해서 사과를 점점 더 빠르게 던지다 보면 언젠가 사과의 낙하 정도와 지구의 곡률이 일치하는 조건이 생긴다. KTX보다 빠른 속도로 던져야 한다. 쉽게 말해서 달이 낙하하는 동안 땅바닥이 같은 속도로 꺼진다고 생각하면 된다. 물론 땅이 꺼지는 것이 아니라 단지 지구가 둥근 것이다. 아무튼 이때가 되면 사과는 계속 낙하하지만 땅에 닿지 않는 상태가 된다. 이것이 바로 달의 운동이다. 지구가 태양 주위를 도는 것도 같은 이치다. 결국 달이 지구로 끊임없이 낙하하고 있듯이 지구도 태양으로 떨어지고 있다. 마찬가지로 전자도 원자핵을 향해 낙하하고 있다. 낙하하는 가속 운동이다. 여기까지는 좋다. 문제는 지금부터다.

전자와 같이 전하를 가진 입자가 가속 운동하면 전자기파를 방출해야 한다. 사실 가시광선이나 엑스선, 감마선, 전파 등은 모두 전자기파다. 핸드폰이나 텔레비전 리모컨은 이런 원리로 무선 통신에 필요한 전자기파를 만들어 낸다. 전자기파가 에너지를 가지고 있기 때문에 전자기파를 방출한 전자는 에너지를 잃고 원자핵으로 끌려 들어가야 한다. 전자기 법칙에 따라 계산을 해 보면, 원자의 경우 눈 깜짝할 사이에 전자가 원자핵에 들러붙어 버린다는 결과를 얻게 된다.

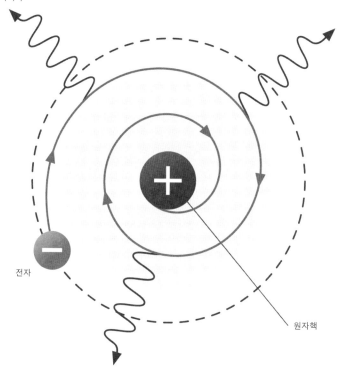

전자기파

전자

원자핵

그림 2.2 전자가 원자핵 주위를 원 운동하고 있다면 전자기파를 방출하고, 즉 에너지를 잃고 원자핵으로 떨어져야 한다. 그러나 전자의 파동성이 정상파라는 특별한 상태를 이뤄 전자 궤도를 안정시킨다.

그렇다면 모든 원자는 순식간에 사라져 버린다는 이야기인데. 헐!

이런 일이 실제로 일어나지 않는 이유를 전자의 파동성으로 설명할 수 있다. 원 궤도 상에서 운동한다는 것은 입자가 갇혀 있다는 뜻이다. 달은 지구 주위에 갇혀 원 궤도 운동을 한다. 파동은 공간에 갇혀 있을 때, 정상파라고 하는 특별한 상태를 이룬다. 기타 줄의 진동이 좋은 예다. 기타 줄의 양쪽은 고정되어 있다.

손가락으로 퉁겨 만들어진 진동은 기타 줄에서만 일어나므로 파동은 기타 줄이라는 공간에 갇혀 있다. 기타 줄을 퉁기면 특정한 음이 발생한다. 예를 들어 3번 줄은 '솔' 음을 낸다. 이 음은 줄의 길이와 관련 있다. 만약 손가락으로 3번 줄의 두 번째 칸을 짚으면 '라' 음이 난다. 길이가 짧아졌기 때문이다. 기타 줄에서 진동하는 파동의 파장은 줄 길이의 2배가 된다. 파장이란 파동의 마루에서 마루, 또는 골에서 골까지의 거리를 말한다. 여기서 파동에 대한 상세한 설명을 하지는 않겠다. 다만 공간적으로 갇힌 파동이 가질 수 있는 파장에 제약이 있다는 것을 이해하면 충분하다.

이처럼 정상파는 특별한 길이의 파장만을 가질 수 있다.[6] 결국 전자가 원자핵에 들러붙지 않고 그 구조를 유지하는 것은 전자가 정상파를 이루었기 때문이다. 자동차 길이보다 긴 짐을 자동차에 넣을 수 없는 것처럼 원자의 크기보다 긴 파장의 파동을 만들 수는 없다. 전자가 가질 수 있는 최소의 반지름이 존재하는 이유다. 이 때문에 전자는 원자핵과 들러붙을 수 없다. 결국 전자의 파동성이 원자의 안정성을 보장한다. 다시 말해서 전자가 이중 슬릿을 지나며 여러 개의 줄무늬를 만들어 내지 못한다면, 원자가 존재할 수 없다. 아니 이 세상이 지금의 모습으로 존재할 수 없다.

이 정도면 '할머니'에게는 첫 번째 강의로 넘치고도 남을 것이다. 전자는 2개의 슬릿을 동시에 지나간다. 이것은 전자가 파동의 성질을 갖기 때문이다. 수없이 많은 의문이 꼬리에 꼬리를 물고 생겨난다면 빨리 책장을 넘기시라.

$\triangle x \triangle p \geq h$

schrödinger's
C A T

3장　슈뢰딩거 고양이는 누가 죽였나?

백설 공주는 나쁜 왕비가 건넨 사과를 한입 베어 물고는 쓰러져 버린다. 일곱 난쟁이들이 죽은 백설 공주를 유리관에 눕히고 슬퍼하고 있을 때, 우연히 이곳을 지나던 왕자가 공주를 보게 된다. 공주의 미모에 반한 왕자는 난쟁이들에게 사정하여 공주의 관을 얻는다. 왕자의 궁전으로 관을 이송하던 중, 마차가 돌에 걸려 심하게 덜컹거린다. 이 충격에 공주는 사과를 토하며 극적으로 되살아난다. 누구나 아는 백설 공주의 이야기다.

자, 여기서 사과를 베어 문 백설 공주는 살아 있었던 걸까, 죽어 있었던 걸까? 나중에 살아난 것을 보면 분명 죽었던 것은 아니다. 하지만 양자 역학의 창시자 에르빈 슈뢰딩거라면 이렇게 주장했을지도 모른다. "백설 공주는 죽어 있으면서 동시에 살아 있었다."

왜 이런 주장이 나오는지 이해하기 위해, 앞에서 이야기한 이중 슬릿 실험을 다시 생각해 보자. 또 이중 슬릿? 자, 미리 말해 두겠는데 이중 슬릿은 양자 역학의 알파요 오메가다. 이중 슬릿 없는 양자역학은 맥주 없는 독일, 카레 없는 인도, 김치 없는 한국과 비슷하다.

벽에 2개의 구멍이 나있고, 다시 이 벽을 향해 전자를 쏜다. 양자 역학에 따르면 전자는 2개의 구멍을 동시에 지날 수 있다. 정확히 이야기하면, 2개의 구멍을 동시에 지났다고 해야지만 이해할 수 있는 결과가 얻어진다. 즉 스크린에 파동이 만들 수 있는 여러 개의 줄무늬가 생긴다는 말이다. 참고로 입자는 2개의 줄무늬를 만들어야 한다. 문제는 단지(?) 전자가 입자라는 것이다.

앞에서는 워낙 황당한 내용이고, 책의 첫 부분이고 하니 그냥 넘어갔다고 치자. 더구나 명색이 물리학자가 쓴 책인데 맞는 말이겠지 하고 넘길 수도 있다. 하지만 한 번은 몰라도 두 번은 어림없다. 당신이 정상이라면 용기를 갖고 이렇게 물어봐야 한다.

"전자가 쪼개지지 않는 한, 어느 구멍이든 분명 하나의 구멍을 지났을 것 아닌가?"

주위를 둘러볼 필요 없다. 이런 질문을 하는 사람이야말로 벌거숭이 임금님의 나라를 구할 진정한 애국자다. 고로 물리학자는 애국자다. 이런 당연한 질문에 답하기 위한 물리학자들의 제안은 간단하다.

"전자가 지나갈 때 사진을 찍어 보면 되지 뭐."

실제 어떻게 사진을 찍는지 설명하려면 '천일야화'를 해야 하니, 일단 찍을 수 있다고 가정하자. 두근거리며 사진을 찍었더니 안타깝게도 2개의 구멍을 동시에 지나는 전자 사진은 없다. 모든 사진에서 전자는 하나다.

"이런! 이거 사기 아닌가요? 전자가 동시에 2개의 구멍을 지난다고 했잖아요!"

자, 사기가 아니니까 조금만 기다려 보시라. 사진을 보면 전자는 왼쪽 또는 오른쪽, 분명 하나의 구멍만을 지난다. 하지만 이런 식으로 사진을 찍으면서 이중 슬릿 실험을 하면 스크린에는 2개의 줄무늬가 생긴다. 입자니까 하나의 구멍만을 지나고, 따라서 입자의 성질인 2개의 줄무늬가 생긴다. 여기에 모순이라고는 전혀 없다. 그렇다면 여태 떠들어 대던 여러 개의 줄무늬는 뭐냐? 여러 개의 줄무늬를 얻으려면 사진 찍기를 중단해야 한다. 과학적인 용어로 하자면, 측정을 중단해야 한다.

이쯤 되면 웬만한 물리학자들도 한계에 다다른다. 쳐다보면 하나의 구멍만 통과하고, 보지 않으면 2개의 구멍을 동시에 지난다고? 미친 것 아냐? 그렇다. 다수의 물리학자가 이런 말도 안 되는 설명을 거부했다. 여기에는 알베르트 아인슈타인, 루이 드 브로이뿐만 아니라 파동 함수의 창안자 슈뢰딩거까지 포함된다.

실험 결과를 보면 전자가 마치 의식을 가진 생명체처럼 보인다. 누군가 자신을 관측하면 입자와 같이 행동하고, 관측하지 않으면 파동과 같이 2개의 구멍을 동시에 지나 버린다는 것이다. 전자는 원자의 일부분이다. 원자는 물질을 이루는 최소 단위다. 그런데 이 최소 단위의 일부가 '뇌'를 가지고 있다고? 이건 진짜 말도 안 된다. 측정이라는 것이 뭔가 중요한 역할을 하는 것 같긴 하다. 하지만 보는 것이 무슨 대단한 일이랴.

내가 달을 보지 않을 때에도 달은 존재하는가?

양자 역학의 정통 이론인 **코펜하겐 해석**은 측정에 대해 이렇게 이야기한다. 우선 우주를 둘로 나눈다. 거시 세계와 미시 세계. 거시 세계는 뉴턴이 만든 고전 역학이 지배한다. 하나의 입자가 하나의 구멍을 지나는 우리에게 친숙한 세계다. 미시 세계는 양자 역학이 지배하는 세계다. 여기서는 입자가 파동의 성질을 가지며 하나의 전자가 동시에 2개, 아니 수십 개의 구멍을 동시에 지나기도 한다. 이와 같이 여러 가능성을 동시에 갖는 상태를 **중첩 상태**라 부른다. 측정(관측)은 거시 세계의 실험 장치가 수행한다. 측정을 하면 미시 세계의 중첩 상태는 깨어지고 거시 세계의 한 상태로 귀결된다. 이 해석은 보어가 이끄는 물리학자들이 중심이 되어 내놓은 것이다. 당시 보어가 살았던 덴마크 수도 이름을 따서 '코펜하겐 해석'이라 부른다.

이 해석에는 두 가지 문제점이 있다. 첫째, '측정'이라는 것이 매우 중요한 위치를 차지하는데, 그 정체가 분명치 않다는 것이다. 측정을 하면 상태에 변화가 일어난다. 하지만 그 물리적 과정에 대해서는 아무런 설명이 없다. 측정을 하지 않았어도 전자가 입자라면 분명

하나의 구멍을 지나지 않았을까?

    이 문제에 대해 코펜하겐 해석은 단호하게 대답한다. 측정을 안 했다면 어디로 지났는지 절대 알 수 없다. 하나의 구멍으로 지났는데, 단지 우리가 모르는 것이 아니다. 원리적으로, 절대로, '구글 신'도, '아이언 맨'도, 스티븐 호킹도 알 수 없다. 다시 정리하자면 이렇다. 측정 전에는 중첩 상태에 있지만, 측정을 하면 하나의 분명한 실재적 상황으로 귀결된다.

    좋다. 그렇다면 내가 달을 보기 전에는 여기저기 중첩 상태에 있다가 보는 순간 달이 그 위치에 있게 된다고? 그럼 내가 안 볼 때 달은 어디 있는 거지? 위치가 없는 존재는 없으니 존재하지도 않는다는 말이네. 그렇다면 달을 보지 않으면 달은 없는 것인가? 아니 내가 아니라도 내 친구가 보면 달이 존재하는 것인가?

    이쯤 되면 막 나가자는 소리로 들릴지 모르겠지만, 이것은 아인슈타인이 던진 유명한 질문이다. 우주가 실제 존재하기 위해서는 측정이 필요하므로, 우주는 그 자신의 존재를 위해 의식을 가진 생명체를 필요로 한다는 지적까지 나오게 된다. 황당한 말 같지만 1963년 노벨 물리학상 수상자 유진 위그너의 말이다.[1]

    그렇다면 인간이 나타나기 전에는 달이 존재하지 않았다는 말일까? 공룡이 달을 보았을 때, 달은 측정된 걸까? 삼엽충도 원시적이나마 눈 같은 것이 있었다는데, 달을 보고 달인지 알았을까? 곰곰이 생각해 보면 이것은 측정의 주체가 누구냐는 질문에 해당된다. 측정을 하면 하나의 분명한 실재적 상황으로 귀결된다고 했지만 사실 '실재(實在, reality)'가 무어냐고 물으면 필자도 할 말이 없다. 이 문제는 나중에 다룰 것이다.

코펜하겐 해석의 두 번째 문제는 우주를 둘로 나눈다는 것이다. 거시 세계와 미시 세계. 하지만 대체 어디가 미시 세계와 거시 세계의 경계란 말인가? 거시 세계의 모든 물질은 미시 세계의 원자가 모여서 된 것이지 않은가? 좋다. 원자 하나는 미시계다. 인간은 분명 거시계다. 당신이 2개의 구멍을 동시에 지난 적은 없지 않은가. 아메바 같은 생명체는 거시계인 것 같다. 그렇다면 분자량이 5,800 정도인 인슐린은 어디에 속할까? 이 정도면 탄소 원자 분자량의 480배 정도 된다. 미시계인가, 거시계인가? 애매한가? 만약 원자 1,000개가 모인 물질이 경계라고 하자. 그렇다면 원자 1,000개까지는 2개의 구멍을 동시에 지나다가 1,001개가 되면 하나의 구멍만을 지난다고? 이에 대한 코펜하겐 해석의 대답은 간단했다.

SHUT UP AND CALCULATE!

입 닥치고 계산하라는 말이다.[2]

사실 우주를 둘로 나누는 시도는 그리 낯설지 않다. 고대 그리스 철학자 아리스토텔레스는 정지 상태가 자연스러운 운동이라고 했다. 주변을 둘러보라. 모든 물체는 결국 정지한다. 그렇다면 달과 별 같은 천체는 왜 정지하지 않는가? 여기서 아리스토텔레스는 우주를 지상계와 천상계, 둘로 나눈다. 지상계의 운동은 시작과 끝이 있는 직선으로 되어 있고, 천상계의 운동은 등속의 완벽한 원운동으로 구성된다. 하지만 뉴턴은 천상계와 지상계가 하나의 법칙으로 기술된다고 생각했다. 사과는 땅으로 떨어지는데 달은 왜 안 떨어질까? 이미 2장에서 설명한 것처럼, 달도 지구로 떨어지고 있기 때문이다. 천상의 달은 지상의 사과와 마찬가지로 떨어지고 있다. 다만 땅에 닿지 않을 뿐이다. 이렇게 지상계와 천상계는 하나가 되었다.

그렇다면 지상계의 운동도 천상계처럼 영원히 움직일 수 있어야 하지 않을까? 이미 갈릴레오는 정지가 아니라 등속 운동이 자연스러운 것이라고 주장한 바 있다. 지상계의 물체가 멈추는 것은 정지가 자연스러워서가 아니라 마찰력 때문이다.

이처럼 과학의 역사는 분리된 지식을 통합하는 과정을 통해 발전해 왔다. 그렇다면 혹시 우주를 거시계와 미시계로 분리해야 한다는 코펜하겐 해석은 우주를 천상계와 지상계로 나눈 아리스토텔레스의 오류를 되풀이하는 것은 아닐까?

슈뢰딩거 고양이와 결어긋남

1935년 슈뢰딩거가 출판한 논문은 코펜하겐 해석의 아킬레스건을 찌른다.[3] 슈뢰딩거의 주장을 정리하면 이렇다.

원자가 하나 있다고 하자. 원자는 A와 B, 두 가지 상태를 가질 수 있다. 원자가 A 상태에 있으면 아무 일도 일어나지 않지만, B 상태에 있으면 기계 장치가 작동된다. 작동된 기계 장치는 독약이 든 병을 깨뜨린다. 이 독약 병은 상자 안에 놓여 있고 상자 안에는 고양이 한 마리가 들어 있다. 병이 깨지면 독약이 나오니까 고양이는 죽게 된다. 따라서 고양이는 원자의 상태에 따라 살아 있거나 죽어 있거나 할 수 있다.

이제부터가 중요하다. 원자는 양자 역학적으로 행동할 수 있으니 A와 B의 중첩 상태, 그러니까 A이면서 동시에 B일 수 있다. 독약병이 멀쩡하면서 동시에 깨져 있을 수도 있다는 말이다. 그렇다면 고양이도 살았으면서 동시에 죽어 있다는 이야기다.

그런데 원자는 미시 세계에 속하니까 그렇다 쳐도 고양이는 거시 세계에 속하는 존재 아닌가? 고양이는 절대 이럴 수 없다. 그렇다면 독약병도 이럴 수 없고, 원자도 이럴 수 없다. 즉 중첩 상태는 존재할 수 없다. 양자 역학은 틀렸다! 이것이 바로 그 유명한 **슈뢰딩거 고양이**의 역설이다.

코펜하겐 해석이 우주를 두 세계로 분리해 놓고 안도하고 있는데, 슈뢰딩거가 이 두 세계를 연결해 놓은 것이다. 스티븐 호킹은 슈뢰딩거 고양이 이야기를 들으면 총으로 쏴 버리고 싶은 기분이 든다고 이야기한 적이 있다. 정말 더러운 문제가 아닐 수 없다. 왜냐하면 미시 세계와 거시 세계의 경계가 어디인지 이제는 분명히 답해야 하기 때문이다.

엄밀히 말해서 슈뢰딩거 고양이의 역설은 아직 완전히 해결되지 않았다. 1990년대만 해도 이 문제에 대한 해답을 **결어긋남**

(decoherence) 이론[4]에서 찾는 입장이 유행했다. 필자도 이 이론의 지지자 중 하나다. 하지만 최근에는 다세계(many-world) 해석이 각광을 받고 있다. 다세계 해석에 대해서는 나중에 따로 이야기를 하기로 하고, 여기서는 결어긋남 이론에 대해 살펴보자.

결어긋남.[5] 용어가 좀 뚱딴지같다고 느껴질 수도 있겠다. 측정 문제 혹은 거시, 미시 세계의 구분 문제에 난데없이 '결'과 '어긋남'이라니! 사실 이 용어는 파동에서 나온 것이다. 이중 슬릿 이야기를 할 때 파동은 여러 개의 줄무늬, 즉 간섭 무늬를 보인다고 했지만, 모든 파동이 그런 것은 아니다. 파동이라도 간섭 무늬를 제대로 보이려면 결이 잘 맞아야 한다. 결이 맞지 않아 엉망으로 되어 있는 파동은 파동이라도 간섭 무늬를 보일 수 없다. 예를 들어 야구장에서 파도타기를 할 때, 정확한 타이밍에 맞춰 일어났다가 앉지 않으면 엉망진창이 될 것이다. 이처럼 결이 맞지 않은 파동을 '결어긋난 파동'이라 부른다. 파동이 간섭할 수 있는 능력을 상실했을 때, 결어긋남이 일어났다고 한다. 결어긋난 파동이 이중 슬릿을 지나면 입자가 지난 것처럼 2개의 줄무늬가 나타난다.[6]

결어긋남을 지지하는 수많은 실험적 증거가 있다. 이 가운데 직관적으로 가장 이해하기 좋은 것이 바로 1999년 오스트리아 빈 대학교의 안톤 차일링거 교수 연구팀의 실험이다. 슈뢰딩거 고양이의 역설을 들은 차일링거의 반응은 이랬다. "뭐가 역설이야? 그냥 실험해 보면 되지!"

물론 이들이 고양이를 가지고 실험을 한 것은 아니다. C_{60}이라

그림 3. 1 C_{60}이라는 거대 분자로 슈뢰딩거 고양이 사고 실험을 실제로 검증한 안톤 차일링거 교수.
© Jaqueline Godany/ASAblanca.

는 거대 분자로 이중 슬릿 실험을 수행한 것이다. C_{60}은 탄소 원자 60개가 축구공 모양으로 모인 것으로 지름은 1나노미터에 불과하다. 수십만 개를 일렬로 늘어세워 봐야 머리카락 두께 정도밖에 안 된다. 크기만 보면 여전히 작다고 할 수도 있지만, 원자가 60개나 모인 것이다. 물리학자의 입장에서는 고양이만큼이나 큰 느낌이다. 그래서 거대 분자라고 부른다.[7] 실험의 결론은 간단하다. 이런 거대 분자도 파동성을 보인다. 즉 여러 개의 줄무늬가 나온다는 말이다. 끝! 현재 차일링거 그룹은 분자의 크기를 점점 더 키워 가면서 실험을 가고 있는데, 1차 목표는 분자량 5,800의 인슐린으로 파동성을 보이는 것이다.

김상욱의 양자 공부

그렇다면 고양이로도 파동성을 보일 수 있다는 말일까? 차일링거의 대답은 간단하다. "물론! 단, 결어긋남만 일어나지 않는다면."

사실 C_{60}의 실험에서 중요한 것이 하나 있다. 이 분자가 이중 슬릿을 지나 스크린에 도달할 때까지 절대로 측정(관측)당하지 말아야 한다. 여기서 측정이란 무엇일까? 내가 안 보면 되는 것 아닌가? 그렇지 않다. 분자가 날아가는 중에 공기 분자와 부딪치면 적어도 부딪힌 공기 분자는 C_{60}이 어느 슬릿을 지나는지 알게 된다. 즉 측정을 당했다는 말이다.

따라서 여러 줄무늬를 보려면 반드시 진공을 만들고 실험을 해야 한다. 공기 분자를 모두 제거해야 한다는 말이다. 진공도가 나빠져서, 즉 공기 분자가 하나둘 돌아다니기 시작해서 C_{60}이 이중 슬릿을 지나는 동안 공기 분자와 적어도 한 번 부딪치면 여러 줄무늬는 2개의 줄무늬로 바뀐다. C_{60}과 부딪치는 순간 공기 분자는 C_{60}의 위치를 알게 된다. 하지만 우리는 여전히 알지 못한다. 공기 분자를 붙잡고 물어보면 우리도 알 수 있겠지만 그것은 불가능하다. 즉 공기 분자는 C_{60}의 위치를 알고 우리는 모르더라도 간섭 무늬는 사라진다는 것이다.

여기서 우리는 아주 중요한 교훈을 얻을 수 있다. 측정의 주체는 인간이 아니다. 아니 지능을 가진 어떤 존재도 아니다. 적어도 C_{60}이 어느 슬릿을 지났는지 '공기 분자가' 알 수 있으면 측정이 일어난 것이다.

그렇다면 측정의 주체는 공기 분자일까? 차일링거는 또 다른 실험을 한다. C_{60}은 온도가 높은 오븐에서 생성되어 튀어 나간다. 물을 끓여 수증기를 발생시키는 것과 비슷하다. 실제 실험에서는 섭씨 1,500도 정도의 온도로 가열한다. 이 정도의 온도가 되면 C_{60}이 빛을 방출한다. 대장간에서 금속을 가열하면 붉은색 빛이 나오는 것과 같은 원리다. **흑체 복사**라 부르는 현상인데, 여기에 대해서는 나중에 설명하겠다.

이렇게 방출된 빛은 C_{60}의 위치를 '외부'에 알려 준다. 어둠 속에서 전등이 달린 모자를 머리에 쓴 사람이 움직이는 모습을 상상하면 된다. 그러면 다시 여러 개의 줄무늬는 2개의 줄무늬로 바뀐다. 측정이 일어났다는 뜻이다. 여기서도 방출된 빛을 우리가 직접 받아 볼 필요도 없다. 빛이 방출되기만 하면 그만이다. 사실 C_{60} 하나가 방출하는 빛의 양은 너무 작아 보기도 쉽지 않다. 아무튼 여기서 측정의 주체는 누구인가? 결국 측정(관측)의 주체는 **우주 전체**다. 이게 무슨 말이냐고? 엄밀히 말하면 C_{60}을 제외한 우주 전체가 측정의 주체다. 양자 역학, 아니 모든 과학은 이 세상을 최소한 둘로 나눈다. 관심 있는 대상과 그 대상이 아닌 것. 대상이 아닌 것을 '환경(environment)'이라 부른다.

당신이 앞에 놓인 고양이에 관심 있다고 하자. 그렇다면 우주는 고양이와 고양이가 아닌 모든 것, 즉 환경으로 나뉜다. 고양이와 환경을 합치면 우주 전체가 된다. 고양이를 들여다보고 있는 당신도 환경의 일부일 뿐이다. 양자 역학에서 측정의 주체는 환경이다. 당신이 측정을 하지 않더라도 환경이 실험 대상에 대해 뭔가 알게 되면 측정이 일어난 것이다.

환경이 의식을 가진 것도 아닌데 어떻게 측정의 주체가 될 수 있을까? 어려운 질문이다. 이렇게 설명해 보자. 첫 실험에서 공기 분자가 측정의 주체다. 공기 분자는 물론 환경의 일부다. 두 번째 실험에서는 C_{60} 주변의 공간이다. 빛이 C_{60}에서 환경으로 이동한 것이다. 누군지 정확히는 말하기 힘들지만 환경은 C_{60}의 위치를 안다. 이처럼 환경이 주체가 되는 관측을 '결어긋남'이라 부른다.

당신도 양자 역학의 지배를 받고 있다. 당신의 몸은 원자로 되어 있지 않은가. 그렇지만 당신은 2개의 문을 동시에 지날 수 없다. 이 것은 끊임없이 결어긋남이 일어나고 있기 때문이다. 당신 몸에서 일어나는 모든 결어긋남을 막을 수만 있다면 당신도 2개의 문을 동시에 지날 수 있다. 하지만 그러기 위해서는 숨도 쉬지 말아야 하고, 단 하나의 공기 분자와 부딪쳐도 안 되며, 심지어 빛과 부딪쳐도 안 된다. 당신 몸을 이루는 단 하나의 원자라도 외부에 떨어뜨리면 안 된다. 이 렇게 하는 것이 사실상 너무 어려워서 우리는 양자 역학적으로 행동할 수 없는 것이다.

이제 슈뢰딩거 고양이를 누가 죽였는지 답할 수 있을까?

4장 문제는 원자가 아니라 인간!

지금까지 양자 역학의 핵심은 다 보여 줬다. 어떤 느낌이 드나? 양자 역학은 단지 이해하기 어려울 뿐이다. 단지? 그렇다. 단지 이해가 안 될 뿐이다. 정해진 규칙에 따라 양자 역학을 수학적으로 적용하면 누구나(?) 정확한 답을 얻을 수 있다.

수소 원자는 양자 역학에 따라 정해진 특정 진동수의 전자기파만을 흡수한다. 태양 빛의 스펙트럼을 보면 이렇게 정해진 진동수의 빛만 흡수되어 검게 된 띠들을 볼 수 있다. 이 때문에 우리는 직접 가 보지 않고도 태양이 대부분 수소로 되어 있음을 알 수 있다. 이처럼 양자 역학은 완벽하게 작동한다. 단지 결과가 나온 이유를 우리의 직관으로 이해할 수 없다는 것만이 문제다.

양자 역학만 이해하기 힘든 것은 아니다. 상대성 이론까지 갈

것도 없다. 지구가 둥글다는 것이나, 지구가 돈다는 것은 얼마나 이해하기 쉬운 이론이었을까? 필자는 초등학생 딸과 나누었던 대화를 생생히 기억한다. 딸은 지구가 둥근 것을 안다고 했다. 지구본의 예를 들며 의기양양하게 설명했다. 하지만 우리가 이렇게 서 있을 때 미국 사람들은 거꾸로 매달려 있는 것이냐고 묻자, 딸의 눈이 충격으로 휘둥그레졌다. 지구가 둥글다는 것조차 처음에는 이해할 수 없었을 것이다.

이해할 수 없다는 것은 과연 얼마나 정당한 불평일까? 이해할 수 없는 것에 대한 객관적 기준이 있을까? 상식이나 직관이 그 기준일까? 인간의 직관이라는 것은 얼마나 자명한 것일까? 상식이라는 것은 어느 정도까지 믿을 수 있는 것일까? 이런 질문들에 대한 답을 찾기 원한다면 양자 역학이 탄생할 때 무슨 일이 있었는지 살펴봐야 한다. 양자 역학의 창시자들은 왜 양자 역학을 이 따위로 만들었을까?

빛은 입자다?!

양자 역학의 첫 번째 단서는 흑체(黑體) 복사로부터 나왔다.[1] 온도를 가진 물체는 빛을 낸다. 용광로의 쇳물이 붉은빛을 내는 이유다. 이런 빛을 흑체 복사라 한다. 흑체 복사는 온도에만 의존하는 독특한 스펙트럼을 갖는다. 스펙트럼이란 빛의 세기를 진동수의 함수로 나타낸 것이다. 프리즘을 통과한 빛은 무지갯빛으로 나뉘는데, 이것이 스펙트럼의 한 예다. 빛의 진동수는 색을 결정하기 때문이다. 인간은 가시광선만 볼 수 있기 때문에 흑체 복사를 하더라도 그 빛을 보지 못하는 경우가 많다. 예를 들어 당신은 체온 때문에 나오는 적외선 영역의 흑체 복사를 보지 못한다. 야시경으로는 볼 수 있지만 말이다.

흑체 복사를 설명하는 과정에서 막스 플랑크(1918년 노벨 물리학상 수상자)는 빛의 에너지가 띄엄띄엄하다는 사실을 깨닫게 된다.[2] 정확히 말해서 빛의 에너지는 그 빛의 진동수에 적당한 상수를 곱한 것의 정수배로만 존재한다.[3] 까다로운 표현이지만 아래를 읽어 보면 아무것도 아니라는 것을 알게 될 것이다.

우선, 이것이 얼마나 이상한 생각인지 예를 들어 생각해 보자. 속도를 가진 물체는 운동 에너지를 갖는다. 운동 에너지가 띄엄띄엄하다면 자동차의 속력이 시속 50킬로미터, 60킬로미터는 가능하지만, 이 두 속도 사이에 존재하는 다른 모든 속도는 가질 수 없다는 말이다. 즉 시속 51킬로미터나 52킬로미터로 달리는 것을 우주가 허용하지 않는다. 이것은 우리의 상식으로 이해할 수 없다. 사실 양자 역학의 '양자'는 영어로 'quantum'인데, 띄엄띄엄한 '양(量)'을 의미하는 라틴 어다.

에너지가 띄엄띄엄한 성질은 입자를 생각하면 쉽게 이해할 수 있다. 야구공의 무게가 150그램이라고 해 보자. 이 야구공을 몇 개 상자에 넣었다고 하면 그 상자 안에 든 야구공들의 무게는 300그램이나 450그램일 것이다. 375그램은 불가능하다. 누군가 야구공을 반으로 잘라 2개 반만 넣지 않았다면 말이다. 즉 빛의 에너지가 특정한 값의

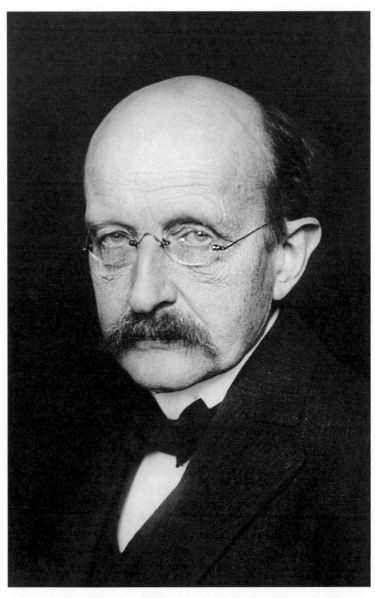

그림 4.1 양자 혁명의 횃불을 켜서 고전 물리학의 막내이자 양자 물리학의 맏이가 된 막스 플랑크.

배수로만 존재한다는 것을 이해하는 가장 쉬운 방법은 빛이 어떤 입자들의 집합으로 되어 있다고 생각하는 것이다.

빛이 입자일 수도 있다는 플랑크의 이론이 처음 발표된 것은 1900년 10월 독일 물리학회에서다. 양자 역학은 20세기와 함께 탄생한 것이다. 플랑크는 양자 혁명의 횃불을 켰을 뿐 아니라 아인슈타인의 천재성을 간파한 첫 기성 과학자이기도 했다. 하지만 아이로니컬하게도 그는 누구보다 보수적인 사람이어서, 빛이 입자라는 사실에 끊임없이 괴로워했다. 흑체 복사를 제외한 당시의 모든 실험은 빛이 파동이라는 사실을 보여 주고 있었기 때문이다. 사실 플랑크는 논문에서 '빛이 입자'라고 말한 적이 없다. '빛의 에너지가 불연속적'이라고 했을 뿐이다. 빛이 입자라고 분명하게 말한 첫 번째 사람은 알베르트 아인슈타인이다. 상대성 이론이 아니라 빛이 입자라는 사실을 발견한 이 업적으로 아인슈타인은 1921년 노벨상을 받게 된다. 뛰어난 과학자가 되려면 자신의 생각을 말할 용기도 필요하다.

플랑크만큼 비극적인 인생을 산 과학자도 드물다. 아내는 폐결핵으로 일찌감치 세상을 떠났다. 제1차 세계 대전에 참전한 큰 아들 카를은 베르됭 전투에서 전사한다. 쌍둥이 딸이 있었는데, 모두 아기를 출산하다가 죽는다. 마지막 남은 자식인 에르빈은 제2차 세계 대전 때 반(反)나치 운동을 하다가 체포되어 사형 선고를 받는다. 플랑크는 히틀러에게 탄원하지만 1945년 사형이 집행된다. 모든 것을 잃은 플랑크지만, 전후 독일 과학을 재건하는 데 여생을 바친다. 전쟁이 끝난 후 독일 과학자 대부분이 국제 과학계로부터 따돌림을 당하지만,

끊임없이 나치에 저항한 플랑크만은 예외였다. 그의 이름을 딴 막스 플랑크 연구소는 이제 독일을 대표하는 연구소가 되었다.

1905년 아인슈타인은 빛이 입자라고 주장했다. 빛이 입자라면 빛의 에너지가 띄엄띄엄한 것은 당연하다. 1개에 200그램인 사과를 쌓는다고 해 보자. 그 사과 더미의 전체 무게는 200그램, 400그램, 600그램으로 띄엄띄엄하다. 당시 빛이 입자라는 주장은 비상식적이다 못해 미친 생각에 가까웠다. 사실 빛의 본질이 입자냐 파동이냐는 논쟁은 뉴턴의 시대까지 거슬러 올라간다. 1672년 뉴턴은 빛이 입자라고 주장했다. 하지만 1803년 토머스 영은 이중 슬릿 실험을 통해 빛이 파동이라는 결정적 증거를 보인다. 이 실험에 대해서는 이미 자세히 이야기했다.

1862년 제임스 맥스웰은 빛의 파동을 기술하는 방정식을 발견한다. 이 방정식에 따르면 빛은 전기장과 자기장이 만들어 내는 전자기파다. 1888년 하인리히 헤르츠는 전자기파의 존재를 실험으로 보인다. 이로부터 불과 7년 뒤 굴리엘모 마르코니(1909년 노벨 물리학상 수상자)는 전자기파를 이용하여 무선 통신에 성공한다. 1901년이면 전파를 대서양 너머로 보내는 데에도 성공한다. 바야흐로 전파 기술의 신세계가 열리려는 찰나, 특허청의 일개 사무원 아인슈타인이 나선 것이다.

"빛은 입자다!"

아무도 믿지 않은 아인슈타인의 이론

현행 고등학교 물리 교과서는 1905년에 발표된 아인슈타인의 광양자(光量子) 가설로 빛의 입자성이 밝혀졌다고 설명한다. '광양자'란 입자화된 빛을 말한다. 하지만 발표 이후 15년 가까이 광양자설을 지지한 물리학자는 거의 없었다. 실험 물리학자인 요하네스 슈타르크(1919년 노벨 물리학상 수상자)만이 광양자설을 지지했는데, 주변으로부터 경력에 해가 될 수 있으니 조심하라는 경고를 받았다고 한다. 대부분의 물리학자는 (아직 이해하지 못한) 원자의 특성 때문에 빛이 입자'처럼' 행동한 것이라고 생각했다. 곧 등장할 양자 역학의 아버지 보어조차도 광양자설을 믿지 않았다. 아인슈타인도 죽을 때까지 보어의 양자 해석을 믿지 않았는데, 이들 사이에는 이미 이런 악연(惡緣)이 있었다.

물리학자들이 광양자설을 전면적으로 받아들인 것은 1920년대 초 아서 콤프턴(1927년 노벨 물리학상 수상자)의 실험을 전후해서다. 콤프턴은 빛의 산란 실험을 통해 빛이 당구공같이 행동한다는 것을 보였다. 산란 실험이란 말이 어렵지만, 물체에 빛을 쪼여서 튕겨 나오는 빛에 어떤 변화가 생겼는지 조사하는 것이라 보면 된다. 빛의 입자성은 양자 역학의 탄생 과정에서 물리학자들이 만난 첫 패러독스였다. 여기서 자연스럽게 의문이 생긴다. 아인슈타인은 빛이 입자인 것을 대체 어떻게 알았을까? 아인슈타인의 1905년 광양자 논문에 그 단서가 있다.[4]

흑체 복사에 대한 플랑크의 발견이 있기 전까지는 빌헬름 빈

(1911년 노벨 물리학상 수상자)의 이론이 가장 유력했다. 빈의 이론은 흑체 복사의 일부분, 주로 높은 진동수 영역의 스펙트럼을 설명했다. 낮은 진동수에서 빈의 이론은 잘 맞지 않았다. 아인슈타인은 흑체 복사에 대한 빈의 결과를 이용하여 빛의 엔트로피[5]를 계산한다. 여기서 자세히 설명할 수는 없지만 놀랍게도 그 엔트로피는 입자의 성질을 가지고 있었다. 엔트로피의 수학이 옳다면 빛은 입자란 이야기다.

여기서 또 의문이 생긴다. 아인슈타인은 왜 이런 계산을 해 본 것일까? 광양자 이론 논문이 나온 1905년은 아인슈타인이 특수 상대성 이론 논문을 쓴 해이기도 하다. 특수 상대성 이론은 빛의 매질인 에테르가 없다는 것을 말해 준다. 맥스웰에 따르면 빛은 전자기장의 파동이다. 모든 파동은 매질을 가진다. 예를 들어 물결파의 매질은 물이고, 소리의 매질은 공기다. 따라서 가상의 물질 에테르가 빛의 매질로 제안되었다. 앨버트 마이컬슨과 에드워드 몰리는 지구 공전 운동에 대한 빛의 속도 측정으로 에테르의 존재를 보이고자 했지만 실패했다. 에테르는 존재하지 않았던 것이다. 빛은 우리가 알고 있던 보통의 평범한 파동이 아니었던 것이다.

그렇다면 빛이 공간에 반드시 연속적으로 존재할 필요는 없다. 더구나 특수 상대성 이론의 질량 – 에너지 등가 원리[6]를 생각하면 빛이 실체를 가진 어떤 독립된 존재라고 볼 수도 있었다. 그 이유는 다음과 같다. 빛은 에너지를 가지고 있다. 물질이 빛을 방출하면 질량의 일부를 내보낸 것이다. 빛이 질량의 일부였다면 물질, 즉 입자라 보지 않을 이유도 없는 것이다. 아인슈타인은 자신의 광양자 이론을 당시 난제(難題)로 알려진 광전 효과[7]에 적용하여 성공적으로 설명한다.

하지만 빛은 파동이다. 따라서 아인슈타인이 옳다면 빛은 파동이면서 입자라는 말이다. 이 문장은 자체로 모순이다. 적어도 당시의 상식으로는 그렇다. 입자와 파동은 물과 불처럼 양립할 수 없는 개념이기 때문이다. 야구공은 입자고 소리는 파동이다. 야구공이면서 소리라는 것은 무슨 말일까? 우리가 양자 역학에서 이해할 수 없는 것이 정확히 이런 지점이다. 우리는 빛의 이런 성질을 '이중성'이라는 단어로 표현한다. 하지만 어떤 물리학자도 '동시에' 파동이면서 입자로 행동하는 빛의 '모습'을 직관적으로 형상화하는 것은 불가능하다.

빛은 이중 슬릿 실험에서 파동으로 행동하고 흑체 복사나 광전 효과에서 입자로 행동한다. 여기서 문제가 되는 것은 단지 우리가 이해할 수 없다는 것뿐이다. 이런 질문을 던져 보면 어떨까? 우리는 왜 파동과 입자가 다르다는 우리의 직관이 옳다고 생각할까?

유일한 근거는 우리의 경험뿐이다. 과학의 역사가 우리에게 일관되게 들려주는 하나의 메시지가 있으니, 바로 경험을 믿지 말라는 것이다. 태양이 아니라 지구가 돌고, 우주는 팽창하며, 생명은 진화한다. 빛의 이중성은 경험과 직관의 빈약한 근거를 다시 한번 보여 준다.

정상 상태와 양자 도약

아인슈타인이 제안한 빛의 입자성은 1905년 당시 아무도 믿지 않았기 때문에 그 파괴력은 크지 않았다. 고전 물리학을 붕괴시키는 혁명은 원자에서 시작된다. 러더퍼드의 실험으로부터 원자의 구조에 대한 단서가 밝혀진다. 원자는 양(+)전하를 띤 원자핵과 음(−)전하를 띤 전자로 되어 있다. 원자핵의 크기는 원자 반지름의 10만분의 1에 불과하며, 전자는 그 크기를 가늠할 수 없을 만큼 작다.

전자는 원자핵 주위를 돌고 있다. 이것은 태양계 모형과 비슷하다. 태양과 지구 사이에 중력이 작용하고, 원자핵과 전자 사이에 전기력이 작용하는 차이만 있을 뿐이다. 하지만 문제는 바로 여기에 있다. 전하를 띤 입자가 가속 운동하면 전자기파, 즉 빛을 방출한다. 원운동은 가속 운동이다. 따라서 원자핵 주위를 원운동하는 전자는 빛을 방출하며 에너지를 잃게 된다. 전자가 에너지를 잃으면 원자핵에 가까워진다. 만약 반대로 에너지를 얻으면 멀어진다. 로켓을 지구로부터 멀어지게 하려면 막대한 에너지가 필요한 것과 같다.

닐스 보어가 그의 1913년 논문[8]에 지적했듯이 원운동하는 전자는 전자기파 형태로 에너지를 방출하므로 1초도 안 되어 원자핵과 충돌해야 한다. 쉽게 말해서 모든 원자들은 즉각 사라져 버려야 한다는 말이다. 우리 주위의 모든 것은 원자로 되어 있으므로 이 세상이 순식간에 사라질 것이라는 이야기다. 이쯤 되면 러더퍼드의 모형을 포기해야 정상이다. 하지만 보어는 대담한 제안을 한다. 러더퍼드의 모형이 옳고 원자가 안정적이라는 두 가지 사실을 모두 받아들이자는 것이다. 그 대가로 전자기학을 일부 포기해야 한다. 원자 내에서 원운동하는 전자는 빛을 내지 않는다고 그냥 가정하자는 것이다. 전자기학이 허용하지 않는 상황이므로 새로 이름을 붙여야 한다. 보어는 이런 상태를 '정상 상태'라고 불렀다.

정상 상태는 불연속적이다. 쉽게 말해서 전자의 원운동 궤도가 공간적으로 띄엄띄엄하게 존재한다. 양자 역학이 원래 띄엄띄엄함의 학문이라 이 자체는 그리 놀랍지 않다. 문제는 띄엄띄엄한 궤도들 사이를 전자가 이동하는 방법이다. 전자는 오직 정상 상태의 궤도에만 존재할 수 있다. 이웃한 두 궤도를 넘나들 때, 그 사이의 공간에 존재하지 않으면서 지나가야 한다는 말이다. 태양계로 예를 들자면 지구 궤도에 있던 전자가 사라져서 화성 궤도에 짠 하고 나타나야 한다. 이런 운동은 기존의 물리학에서는 불가능하므로 역시 새로운 이름이 필요하다. 우리는 이것을 '양자 도약'이라 부른다. 빛의 입자성보다 더 심각한 문제로 느껴지지 않는가?

수소가 말해 준 양자의 비밀

보어는 어떻게 이런 황당한 생각에 이르게 되었을까? 보어는 한 분광학 전문가로부터 발머의 공식에 대한 이야기를 들었다고 한다. '분광학'이란 빛의 스펙트럼을 연구하는 학문이다. 발머의 공식에 따르면 수소 원자의 스펙트럼에는 특별한 수학적 패턴이 있다. 그것은 바로 2개의 자연수 m과 n으로 정해지는 특정한 진동수의 빛만 흡수/방출한다는 것이다.[9]

m과 n이라는 2개의 자연수가 나온 것은 수소 원자가 빛을 흡수/방출하는 데에 2개의 띄엄띄엄 상태가 관여했기 때문이라고 이해할 수 있다. m과 n이 1, 2, 3, …과 같은 (띄엄띄엄한) 자연수라는 것이 그 증거다. 각각이 바로 보어가 말한 정상 상태와 관계 있다는 말이다. 전자가 가질 수 있는 모든 가능한 원 궤도 가운데 어떤 궤도들이 정상 상태가 될 수 있을까? 이것을 보어는 '양자 조건'이라 불렀다.[10] 그리고 수소 원자의 스펙트럼 공식으로부터 역으로 계산해 구할 수 있다.

이 부분이 좀 어렵다면 더 친근한 비유를 생각해 보자. 상자 안에 무게가 똑같은 사과들이 들어 있다. 하지만 상자마다 들어 있는 사과의 개수는 다르다. 상자들의 무게를 각각 재어 보니 400그램, 500그램, 600그램, 700그램이었다. 그렇다면 사과 하나의 무게는 100그램이라고 추정할 수 있다. 양자 역학적으로 말해 보자면, 사과 상자의 무게는 100그램으로 양자화되어 있다고 할 수 있다. 사과의 개수가 자연수 m에 해당하는 셈이다. 정확하진 않지만 이런 식으로 이해하면 충분하다.

m과 n으로 정해지는 두 정상 상태는 서로 다른 에너지를 갖는다. 하나의 상태에서 다른 상태로 전자가 이동하면 에너지가 달라진다. 에너지 보존 법칙이 여전히 옳다면 에너지 차이만큼의 에너지가 사라지거나 주어져야 한다. 원자가 빛을 흡수/방출하는 것은 정확히 이 때문이다. 사과 상자의 무게를 바꾸려면 사과를 넣거나 빼야 한다는 말이다.

전자가 하나의 정상 상태에서 다른 정상 상태로 이동할 때 단 하나의 진동수를 갖는 빛만 흡수되거나 방출된다. 이 진동수는 정확히 두 정상 상태의 에너지 차로 주어진다. 전자가 중간 단계를 거쳐 이동했다면 처음과 중간 단계 사이의 에너지에 해당하는 진동수의 빛을 내야 한다. 하지만 다른 진동수의 빛은 전혀 관측되지 않는다. 즉 중간 단계 없이 전자가 한 상태에서 다른 상태로 불연속적으로 이동했다는 뜻이다. 이것이 바로 보어의 생각이었다.

보어는 기본적으로 선입견에 얽매이지 않는 사람이었다. 보어는 철저히 실험 결과에만 의존해서 최선의 '현상론적' 이론을 만든 것이다. 보어 이론에 대한 사람들의 반응은 예상할 수 있으리라. 전자가 한 장소에서 다른 장소로 중간 공간을 거치지 않고 이동하다니! 양자 도약이 준 충격은 오늘날까지 언어에 그 흔적이 남아 있다. 사회 과학에서 불연속에 가까운 큰 변화가 일어날 때 '양자 도약'이라는 표현을 쓴다.

여기서 다시 문제가 되는 것은 우리의 직관이다. 화성 궤도를 돌던 우주선이 갑자기 사라져서 지구 궤도에 나타나는 모습을 상상할 수 있나? 중간 단계 없이 말이다. 이게 가능하다면 화성에 조난당한 나사(NASA)의 우주인을 다룬 영화 「마션」의 주인공 마크 트와니는 헛고생을 한 셈이다. 단번에 지구로 이동하면 그만이니까.

물론 이런 일은 일어날 수 없다. 하지만 보어에 따르면 원자 세계에서는 가능하다. 우리는 원자 세계에서 일어나는 양자 도약을 이해할 수 없다. 다시 반복되는 이야기지만 우리가 이해 못 하는 것이 왜 문제가 될까? 우리는 왜 태양계를 이해하는 방법으로 원자도 설명할 수 있으리라 기대하는 걸까? 우리가 원자와 전자를 '직접' 볼 수 있다면 이런 문제는 없을 것이다. 우리는 우리가 볼 수 없는 것을 설명하려 한다. 이런 경우 이미 알고 있는 사실을 그대로 적용하는 수밖에 없다. 하지만 그것이 맞을 것이라는 보장은 어디에도 없다.

닐스 보어

양자 역학의 역사에서 가장 중요한 인물 한 사람만 꼽으라면 아인슈타인이 노벨상을 받은 이듬해인 1922년에 노벨 물리학상을 받은 닐스 보어를 고를 수밖에 없다.[11] 보어에 대해서는 자세히 알아보고 지나가자. 1911년 보어는 영국의 케임브리지 대학교에 장학생으로 방문한다. 당시 케임브리지에는 전자를 발견한 조지프 존 톰슨(1906년 노벨 물리학상 수상자)이 있었는데, 그의 실험실에서 공부하기 위해서였다. 당시 보어는 영어에 서툴렀고, 톰슨은 이론 물리학을 별로 좋아하지 않았다. 보어는 이론 물리학자였다. 결국 보어는 지인의 소개로 맨체스터 대학교의 어니스트 러더퍼드(1908년 노벨 화학상 수상자)의 실험실로 옮기게 된다. 다행히 보어와 러더퍼드는 죽이 잘 맞았다. 여기서 보어는 위대한 발견을 하게 된다. 우연이지만 보어가 맨체스터에 도착했을 때, 러더퍼드는 원자 구조에 대한 실마리를 알아낸 직후였다. 러더퍼드의 실험에 따르면 원자는 전자가 원자핵 주위를 도는 태양계 구조를 가지고 있었다. 누군가 이 구조를 설명하는 일만 남은 상태였고, 보어가 그 일을 해 낸다.

앞서 설명했듯이 보어의 이론은 크게 두 가지 가정을 바탕으로 하고 있다. 정상 상태의 존재와 정상 상태들 사이의 이동 규칙이다. 정상 상태에 있을 때, 전자는 가속하고 있음에도 빛을 방출하지 않는다. 더구나 정상 상태는 특정한 반지름을 갖는 궤도만 가능하다. 전자들이 서로 다른 정상 상태들을 넘나들 때, 에너지 차이에 해당하는 빛이 흡수/방출된다. 그것은 연속적인 과정이 아니라 한 정상 상태에서 다른 정상 상태, 즉 특정 반지름의 궤도에서 다른 반지름의 궤도로 급작스럽게 도약하는 것이다. 이러한 보어의 수소 원자 모형은 아마 물리학의 역사상 과거와 가장 단절이 심했던 이론일 것이다.

가속하는 전자가 빛을 내지 않는다거나 원자핵 주위 특정 반지름에서만 돌 수 있다는 이런 말도 안 되는 가정들을 고려해 볼 때, 보어 모형이 수소 원자의 스펙트럼을 잘 설명하는 것은 정말 미스터리가 아닐 수 없었다. 기성 세대 물리학들은 보어의 이론에 반감마저 가지고 있었다. 잘 맞으면 뭐하나, 기존의 이론과 하나도 맞는 것이 없는데. 반면, 뮌헨 대학교의 아르놀트 조머펠트와 같은 신세대 물리학자는 보어 이론을 열렬히 환영했다. 기존의 이론으로 아무리 해도 안 되는 상황에서 어쨌든 원자에 대해 뭔가 올바른 결과를 주는 이론이 나온 셈 아닌가. 그렇다면 이유는 모르지만 보어의 모형에 뭔가 중요한 단서가 있다고 생각했던 것이다.

보어의 이론에서 정상 상태를 주는 양자 조건이란 무엇일까?

그림 4.2 보어와 아인슈타인이 토론하는 모습. 1925년 12월.

김상욱의 양자 공부

좀 전문적 내용이지만 **각운동량**이라는 물리량을 양자화시키는 것이다. 각운동량이란 원운동의 경우 물체의 질량, 속도, 반지름을 곱한 물리량이다. 보어는 전자의 각운동량이 **플랑크 상수**라 불리는 어떤 숫자에 1, 2, 3, …과 같은 정수를 곱한 값만 가질 수 있다고 가정한다. 정수를 곱하는 것 때문에 띄엄띄엄한 궤도가 등장하게 된다. 1915년 조머펠트는 각운동량 대신 '작용'이라는 물리량이 양자화되는 것으로 조건을 일반화시킨다. 이것을 **보어-조머펠트 양자화**라 부르는데, 1925년 양자 역학이 탄생하기 전까지 원자를 설명했던 구(舊)양자론의 핵심 원리였다.

1916년 일반 상대성 이론을 완성시킨 아인슈타인은 그의 관심을 다시 보어의 이론으로 돌린다. 이듬해 아인슈타인은 보어-조머펠트의 양자화를 보다 더 일반화하는 내용의 논문을 제출한다. 보어-조머펠트 양자화에서는 우선 물체의 궤도를 알아야 하는데, 1차원에서만 쉽게 구할 수 있었다. 그래서 조머펠트는 2차원 이상의 문제는 1차원 문제들로 분리하여 각각 푼다.

2차원 문제를 1차원 문제로 분리해서 각각 푼다니. 이게 갑자기 무슨 소리인가 하는 사람도 있을 것 같다. 물리학에서 풀기 어려운 고차원 문제를 저차원 문제로 분해하거나 치환해 쉽게 푸는 것은 흔한 일이다. 예를 들어 우리가 사는 세상은 3차원이다. 이 3차원 공간인 지구에서 물체를 공중에서 떨어뜨리는 자유 낙하를 생각해 보자. 물체가 위에서 아래로만 떨어지는 1차원 직선 운동으로 생각할 수 있다. 이렇게 3차원 공간에서 일어나는 일을 1차원 공간에서 일어나는 일로 바꿔 고려할 수 있는 것이다.

　아무튼 2차원 문제를 1차원 문제로 분해해 푸는 대표적인 사례가 대포에서 발사한 포탄의 운동을 기술하는 것이다. 포탄의 운동을 보면 위아래로 상승했다 자유 낙하하고, 수평으로는 등속으로 날아간다. 이것을 상하 자유 낙하와 수평 등속 운동으로 분리하여 따로 기술하는 것이 가능하다. 당연한 듯 이야기했지만 고등학교 물리 Ⅱ 정도 되어야 배우는 내용이다. 하지만 이러한 분리가 언제나 가능한 것은 아니다. 아인슈타인은 1차원으로 분리되는 조건을 명확히 해서 보어-조머펠트의 이론을 보다 일반적으로 기술할 수 있었다.

　아인슈타인은 논문의 말미에 의미심장한 코멘트를 남긴다. 자신의 방법을 가지고도 1차원으로 분리할 수 없는 복잡한 문제는 보어-조머펠트의 방식으로 양자화할 수 없다는 것이다. 사실 아인슈타인이 깨달은 것은 오늘날의 용어로 말하면 **카오스**(chaos) 혹은 **혼돈** 개념이었다. 카오스의 경우 보어-조머펠트 이론에서 필요로 하는 궤도 양자화를 하는 것이 불가능하다. 이 문제는 오늘날 '양자 카오스'라 불리는 분야에서 다루는데, 1970년대 스위스계 미국 물리학자 마틴 굿츠윌러에 의해 부분적으로 해결되었다. 양자 카오스에 대해서는 나중에 자세히 다룰 것이다.

　보어-조머펠트 양자화를 이용하여 원자들의 스펙트럼을 설명하려는 시도는 점점 난항에 빠진다. 아인슈타인이 지적한 대로 차원이 커지면 이 방법이 통하지 않게 된다. 보어의 원자 모형이 성공적으로 스펙트럼을 설명했던 원자는 수소다. 수소는 우주에서 가장 단순한 원자로서 하나의 양성자와 하나의 전자로 구성된다. 원자 번호도 1번이다. 하지만 원자 번호 2번인 헬륨만 해도 보어-조머펠트의 이론이 잘 들어맞지 않았다. 헬륨은 전자가 2개 있다.

조머펠트가 그의 제자 볼프강 파울리(1945년 노벨 물리학상 수상자)에게 박사 학위 논문 주제로 주었던 문제는 수소 분자 이온의 안정성에 대한 것이었다. 이것은 거리를 두고 떨어진 2개의 양성자 주위에 하나의 전자가 돌고 있는 이온이다. 어쨌든 전자가 하나니까 헬륨보다는 쉬운 문제다. 1922년 논문에서 파울리의 결론은 이런 이온이 불안정하다는 것이었고, 오늘날 우리는 이런 이온이 안정하다는 것을 안다.[12]

아무튼 원자를 이해하기 위해서는 보어-조머펠트 양자화를 대체할 새로운 이론이 필요한 듯이 보였다. 새로운 이론은 보어가 제시한 가정을 어떤 식으로든 포함하고 있어야 했다. 1924년 보어는 원자가 진동하는 진자들의 모임이라는 이론을 내놓는다. 진자란 용수철에 매달린 추를 말한다. 진자라니 원자 내부에 웬 진자? 보어의 대답은 닥치고 진자였다. 이 새로운 이론은 지나치게 추상적일 뿐 아니라 에너지 보존 법칙마저 위배하다 보니, 아인슈타인은 구역질나는 이론이라고 평할 정도였다. 하지만 조머펠트의 또 다른 제자 베르너 하이젠베르크(1932년 노벨 물리학상)는 이 이론에서 돌파구를 마련할 중요한 단서를 발견한다.

보어는 물리학자라기보다는 철학자적 풍모를 가진 사람으로 알려져 있다. 그래서인지 그의 강연은 모호하고 어렵기 그지없는 것으로 유명했다. 1927년 9월 알레산드로 볼타 사망 100주년 기념 학회에서 보어는 상보성과 불확정성 원리에 대해 처음 설명했다. 그때 좌중에 앉아 있던 유진 위그너(1963년 노벨 물리학상 수상자)는 옆 사람에게 이렇게 말했다고 한다. "대체 무슨 소린지 한마디도 못 알아듣겠네. 이 강연을 듣고 양자 역학에 대한 관점을 바꿀 사람은 하나도 없을 걸?" 그러나 여기서 발표된 내용이 바로 양자 역학의 표준이 되는 코펜하겐 해석의 뼈대였다. 이 뼈대를 만든 것이 바로 보어와 하이젠베르크였다.

보어는 항상 모호하게 이야기했지만, 지칠 줄 모르는 열정을 가지고 있었다. 그는 자신의 이론에 반대하는 사람을 한 사람씩 만나서 상대가 항복할 때까지 설득했다고 한다. 양자 역학이라는 미친 생각이 받아들여진 것은 순전히 보어의 공로일지 모른다.

아이로니컬하지만, 역사는 코펜하겐 해석을 함께 만든 보어와 하이젠베르크를 서로 적으로 만든다. 제2차 세계 대전이 시작되자 독일은 덴마크를 합병했고, 덴마크 사람인 보어는 나치에 저항해 유대인을 도와준다. 나치가 이런 행위를 좋아했을 리 없다. 결국 신변에 위협을 느낀 보어는 스웨덴을 거쳐 영국으로 탈출한다. 영국으로 갈 때는 폭격기 폭탄 투하실에 몸을 숨겼다니 얼마나 다급한 상황이었는지 짐작이 갈 것이다.

보어가 나치 치하의 덴마크에 있을 때, 하이젠베르크가 보어를 찾아온 일이 있었다. 이때 무슨 이야기가 오갔는지는 알 수 없다. 훗날 하이젠베르크가 독일의 원자 폭탄 개발에 얼마나 깊이 관여했는지를 두고 논란이 일었을 때, 이 만남이 주목을 받게 된다. 둘 사이에 원자 폭탄 개발에 대한 이야기가 오갔을지도 모르기 때문이다. 마이클 프레인의 희곡 「코펜하겐」은 이 만남을 소재로 만들어졌다.

　　미국으로 간 보어는 전쟁이 끝난 후 핵무기 감축을 위해 노력한다. 물론 그의 모호한 말주변으로 윈스턴 처칠이나 프랭클린 루즈벨트 같은 정치인들을 설득하기는 쉽지 않았다. 이후 보어는 죽는 날까지 양자 역학의 철학적 문제에 몰두한다. 그가 죽은 날, 그의 칠판에는 그가 그린 그림이 하나 남아 있었다. 아인슈타인이 하이젠베르크의 불확정성 원리가 틀렸다고 지적하며 양자 역학을 공격할 때 그렸던 그림이었다.

그림 4.3 1962년 닐스 보어의 자택 칠판에 남아 있던 '아인슈타인 상자' 그림.

어디까지 '회의'할 것인가?

근대 철학은 모든 것을 의심하라는 르네 데카르트의 방법적 회의(懷疑)에서 시작되었다. 데이비드 흄에 이르면 인과율(因果律)을 의심하는 지경에까지 이른다. 모든 것을 의심하라고는 했지만, 데카르트는 "나는 생각한다. 고로 존재한다."라며 생각하는 자신의 존재는 인정한다. 흄도 유사성, 질(質)의 정도, 양(量)의 비율, 수(數)는 확실한 지식을 제공할 수 있다고 논증한다. 임마누엘 칸트는 인간 정신에 선험적 구조가 내재해 있다고 주장한다. 예를 들어 시간, 공간에 대한 감각은 지각된 사물이 아니라 지각 양식, 우리가 감각에 의미를 부여하는 방식이라는 것이다.

우주를 이해하려고 할 때, 우리는 대체 어디까지 옳다고 가정해야 할까? 생각한다는 것이 내 존재의 명백한 근거가 될까? 나중에 다루겠지만 양자 역학은 여기에도 의문을 던진다. 칸트가 생각한 시간과 공간의 구조가 아인슈타인의 상대성 이론까지 포함하지는 못할 것이다. 시공간은 그것을 생각하는 철학자의 질량에도 영향을 받기 때문이다. 더 나아가 양자 역학은 철학자의 생각이나 관찰 행위조차 대상에 영향을 준다고 이야기한다. 20세기 초반 태동한 양자 역학은 우리에게 다시 한번 모든 것을 회의하라고 가르친다. 빛은 파동인가? 파동과 입자는 양립할 수 없는 성질인가? 전자는 반드시 공간을 가로질러 연속적으로 움직여야 하는가?

플랑크가 씨 뿌리고 아인슈타인이 키운 이중성은 드 브로이에 이르러 꽃을 피우고 슈뢰딩거가 수확한다. 콤프턴 실험으로 빛의 입자성이라는 미친 생각이 갑자기 상식이 된다. 무엇이든 처음이 어려운 법이다. 이제 루이 드 브로이(1929년 노벨 물리학상 수상자)는 거침없이 질문한다. "전자는 입자인가?" 슈뢰딩거는 아예 전자의 파동 방정식을 만든다. 보어가 발견한 정상 상태와 양자 도약의 광맥은 하이젠베르크가 개발한다. 하이젠베르크가 만든 행렬 역학은 정상 상태를 구하는 수학적 방법을 제공한다. 그 이론에는 양자 도약이 자동 내장되어 있다.

수학적으로 정식화된 이중성과 양자 도약의 아이디어는 양자 역학을 가장 성공적인 과학 이론의 반열에 올려놓았다. 사실 흄은 과학 법칙의 인과율, 즉 필연성은 거부했으나 수학에서의 필연성은 인정했다. 수학만이 참이다. 왜냐하면 수학 공식은 사실상 동어 반복에 불과하기 때문이다.[13] 그렇다면 수학화된 양자 역학은 흄도 받아들일 가능성이 높다. 양자 역학의 수학으로부터 나오는 결과들도 동어 반복에 불과할 것이기 때문이다. 다시금 남은 문제는 우리가 이해할 수 없다는 것뿐이다.

문제는 인간이다

아인슈타인에 따르면 빛은 파동이면서 입자다. 보어에 따르면 전자는 한 궤도에서 다른 궤도로 순식간에 이동할 수 있다. 이런 현상은 우리의 경험과 모순된다. 정확히 말하자면 우리가 사는 거시 세계의 경험과 모순된다. 원자가 사는 미시 세계의 운동은 거시 세계와 다른 법칙의 지배를 받는다. 훗날 보어가 누누이 강조하지만, 문제는 원자가 아니라 우리의 직관, 상식, 언어에 있다.

인간의 뇌는 진화의 산물이다. 먹이를 찾거나 위험을 피하거나 배우자를 찾는 데 최적화되어 있다. 이런 일들은 우리가 사는 거시 세계에서 벌어진다. 나를 공격하는 맹수는 공간을 연속적으로 이동한다. 갑자기 사라졌다가 내 앞에 홀연히 나타나지 않는다. 그렇다면 도망쳐 봐야 소용없다. 적이 돌을 던지면 피해야 한다. 하지만 단지 소리를 지른다면 피할 필요는 없다. 소리는 입자가 아니라 파동이니까. 경험에 근거한 상식은 언어가 되어 우리의 직관에 단단히 뿌리박힌다. 우리는 입자와 파동이라는 단어를 가지고 있지만, 입자와 파동을 동시에 지칭하는 단어는 없다. 개념조차 없다. 양자 도약이라고 했지만, 이 단어를 처음 듣는 누구도 이 단어로부터 불연속적인 이동을 생각하기는 힘들다.

앞서 이야기했듯이 인간의 경험이나 상식이 우주의 실제 모습과 차이를 보인 예는 과학의 역사에서 허다하다. 양자 역학이 특별한 것은 그 차이의 크기가 아니라 성격에 있다. 지구가 돈다는 것은 놀라운 일이지만, 지구의 자리에 태양을 놓으면 되는 것이다. 지구의 공전 궤도가 원이 아니라 타원이었던 것도 무척 놀라운 일이지만, 이것도 원 대신 타원을 놓으면 된다. 달이 지구로 낙하하고 있으나 땅에 닿지 않을 뿐이라는 뉴턴의 설명은 정말 놀랍다. 이것은 우주 밖으로 나가서 지구와 달을 함께 보지 않으면 이해하기 힘들다. 하지만 뉴턴의 설명에 이해할 수 없는 단어나 개념이 등장하는 것은 아니다.

파동이면서 입자다. 하나의 정상 상태에서 다른 정상 상태로 전자가 도약한다. 여기에는 이해할 수 없는 상황과 표현이 등장한다. 움직이는 사람의 시간이 느리게 간다는 특수 상대성 이론도 직관과 맞지 않다는 점에서 비슷하다. 하지만 적어도 그런 상황을 상상해 보는 것은 가능하다. 반면 "파동이면서 입자"라는 것은 상상조차 할 수 없다. 입자가 파동의 모습으로 움직이는 것이 아니다. 마찬가지로 양자 도약 하는 전자를 상상하는 것은 불가능하다.

양자 역학은 정말 이상하다. 하지만 문제는 원자가 아니다. 문제는 바로 우리 자신이다.

5장 과학 역사상 가장 기이한 도약

모든 항들이 에너지 원리를 일사분란하게 따르고 있었다. 그 순간 내가 머릿속에 그려 왔던 양자 역학이 수학적으로 타당하다는 확신이 들면서 깊은 경외감을 느꼈다. 원자의 내부에 기묘하고도 아름다운 질서가 존재했던 것이다. 온갖 수학으로 장식된 경이로운 자연이 자신의 모습을 보여 줬다는 것 자체가 나에게는 더할 나위 없는 기쁨이었다.

— 베르너 하이젠베르크[1]

1925년 6월 양자 역학은 갑자기 그 모습을 드러냈다. 1913년 보어가 열어젖힌 양자 역학의 세계는 수상하기 이를 데 없었지만, 어쨌든 실험 결과를 잘 설명했다. 이유가 있어야 했다. 아니면 그걸 기술하는 수학적 체계, 즉 공리 체계라도 있어야 했다.

역사상 최초로 제대로 된 자연의 운동 법칙을 찾은 것은 갈릴레오 갈릴레이였다. 외력이 없으면 물체는 등속 직선 운동을 한다. 갈릴레오는 누군가 이것을 수학으로 기술해 주기를 바랐다. 그 일을 한 것은 바로 물리학의 슈퍼스타 뉴턴이었다. 뉴턴이 운동 법칙을 수식으로 쓰자마자 과학 혁명이 시작된다.

　　보어의 이론을 수학으로 기술한 사람이 하이젠베르크다. 하이젠베르크를 '양자 역학의 뉴턴'으로 봐도 무방한 이유다. 뉴턴은 자연 법칙을 쓰기 위해 미적분이라는 새로운 수학을 창조했지만, 하이젠베르크의 경우 수학을 만들 필요까지는 없었다. 하지만 그가 발견한 체계는 너무나 기괴해서 많은 물리학자들의 반발을 받았다. 곧이어 등장한 슈뢰딩거의 파동 역학에 사람들이 열광한 이유이기도 하다.

　　마침내 모습을 드러낸 양자 역학. 이번 장에서는 양자 역학이 틀을 갖추는 과정을 훑어보기로 하자. 여기서 주목할 점이 있다. 양자 역학은 그 해석이 완성되기 전에 수학적 이론이 먼저 제시되었다. 나중에 해석을 두고 물리학자들 사이에 전쟁이 벌어지는 이유이기도 하다.

　　대체 해석이 없는 이론이란 것이 무슨 뜻일까? 양자 역학에 이르는 길은 과학의 역사에서 유래를 찾기 힘든 기이한 여정이다. 양자 역학의 창시자들이 그런 길을 갈 수밖에 없었던 이유를 살펴보면 양자 역학을 이해할 단서가 나올지도 모른다. 어차피 완전히 이해하지는 못하겠지만 말이다. 양자 역학을 만든 천재들의 이야기는 덤이다.

양자 역학의 뉴턴, 하이젠베르크

　　베르너 카를 하이젠베르크[2]는 1901년 12월 5일 독일 뷔르츠부르크에서 태어났다. 제1차 세계 대전 발발 당시 12세, 히틀러가 총통이 되었을 때 32세, 제2차 세계 대전 발발 시에는 37세였으니 독일의 처절했던 역사 속을 살다간 사람이라 할 만하다. 양자 역학이 탄생한 것은 독일이 제1차 세계 대전에서 패하고 사회적으로 극심한 혼란에 빠져 있던 시기다. 기성 세대에 대한 독일 젊은이들의 불신이 극에 달했던 시대이기도 하다. 하이젠베르크는 새로운 사회를 추구하는 청년 조직에 가입하는데, 목가적 순례와 토론을 하는 비정치 단체였다. 이런 환경이 하이젠베르크가 기존의 물리학의 뛰어넘을 수 있는 토대가 되었다고 상상해 본다면 지나친 비약일까?

　　하이젠베르크를 표현하는 단어는 하나로 족하다. '엄친아.'[3] 공부면 공부, 운동이면 운동, 음악이면 음악. 뭐 하나 빠지는 것이 없었다고 한다. 하이젠베르크는 1922년 독일의 유서 깊은 대학 도시 괴팅겐에서 보어를 처음 만난다. 당시 하이젠베르크는 뮌헨 대학교의 학생이었고, 괴팅겐에서 열리는 보어의 세미나를 듣기 위해 도보 여행을 했다. 세미나에서 하이젠베르크는 건방진 질문을 했지만 이것을 계기로 16년 나이 차이가 나는 보어와 친해진다. 보어가 대인배임에 틀림없다. 이후 하이젠베르크는 주기적으로 코펜하겐에 있는 보어의 연구소를 방문하게 된다. 이것이 그의 인생, 아니 물리학의 역사를 바꾼다.

하이젠베르크는 뮌헨 대학교에서 아르놀트 조머펠트의 지도로 박사 학위를 받은 후, 괴팅겐 대학교 막스 보른(1954년 노벨 물리학상 수상자)의 연구원이 된다. 양자 역학 탄생 직전인 1925년 4월 말 코펜하겐의 8개월 방문을 마치고 괴팅겐으로 돌아온 하이젠베르크는 그 방문에서 한 가지 분명한 교훈을 얻는다. 고전 역학적 방법으로는 어떻게 해도 원자를 설명하는 것이 불가능하다는 것이다. 당시 코펜하겐의 보어는 원자가 진자들의 모임이라는 이론을 검토하고 있었다. 아인슈타인이 구역질난다고 했던 그 이론 말이다.

1925년 6월 7일 건초열 혹은 알레르기성 비염에 시달리던 하이젠베르크는 북해의 섬 헬골란트로 휴양을 떠난다. 이곳에서 하이젠베르크는 행렬 역학이라는 아이디어를 떠올린다. 필자도 봄이면 같은 병으로 고생하는데, 한번도 이런 아이디어가 떠오른 적은 없다. 암튼 여기서 그는 전자의 궤도를 포기하고 오직 관측 가능한 물리량만으로 양자 역학을 기술해야 한다는 혁명적인 생각을 하게 된다. 당시 하이젠베르크의 나이는 불과 23세였다. 하이젠베르크가 감행한 도약의 핵심은 1925년 7월 29일 접수된 그의 기념비적인 논문 「운동학과 역학적 관계에 대한 양자 이론적 재해석에 대하여」[4]의 초록에 잘 나타나 있다. 먼저 독일어 원문을 읽어 보자. 소리 내서.

In der Arbeit soll versucht werden, Grundlagen zu gewinnen

für eine quantentheoretische Mechanik, die ausschließlich

auf Beziehungen zwischen prinzipiell beobachtbaren Größen

basiert ist.

우리말로 풀면, "원리적으로 측정 가능한 양(量) 사이의 관계만을 근거로 이론 양자 역학의 기반을 정립하고자 한다."라는 말이다. 이 초록에 모든 핵심이 들어 있다.

'원리적으로 측정 가능한 양'이란 무엇일까? 수소 원자는 양성자 1개와 전자 1개로 구성된다. 양성자가 정지해 있다고 생각하면 전자의 운동만을 기술하면 충분하다. 무언가의 운동을 기술한다는 것은 고전 역학적으로 그것의 위치와 속도를 아는 것을 전제한다. 원자의 운동을 기술할 때에도 전자의 위치를 아는 것이 핵심이다.

하지만 전자를 직접 본 사람이 있나? 물론 1906년 노벨 물리학상 수상자인 조지프 존 톰슨의 음극선 실험에서 전자는 빛을 내며 직진한다. 음극선의 강렬한 빛을 본다고 전자 그 자체를 보는 것이 아니다. 전자가 음극선관 내부의 공기와 부딪쳐 들뜬 원자가 내는 빛을 본 것이다. 그렇다면 보어가 설명한 수소 원자의 스펙트럼은 무엇인가? 이것은 수소 원자가 내는 빛이다.

우리 몸은 원자로 되어 있다. 지금 당신은 당신의 '손'을 볼 수 있다. 손은 수없이 많은 원자로 되어 있다. 그렇다면 당신은 원자를, 또는 전자를 보고 있는 것 아닐까? 안타깝지만, 아니다. 엄밀히 말해서 당신이 보는 것은 원자가 아니라 원자가 내는 빛이다. 이게 하이젠베르크가 말한 '원리적으로 측정 가능한' 유일한 것이다.

원자는 행렬이다?

그렇다면 원자가 흡수/방출하는 빛과 관련한 양들 사이의 관계만으로 양자 역학을 구축해야 한다. 원자가 흡수/방출하는 빛의 진동수에 대해서는 보어의 이론이 있다. 앞 장에 소개했던 것처럼 흡수/방출되는 빛의 진동수는 2개의 자연수 m과 n으로 기술된다. 수소 원자는 m과 n으로 기술되는 공식으로 주어진 진동수 이외의 빛을 절대로 낼 수 없다. 빛의 진동수는 가시광선 영역에서 색깔을 결정한다. 우리 주변의 수많은 물질이 독특한 색을 갖는 이유다.

원자에 대해서 이것 이외에 원리적으로 측정 가능한 양은 없다. 진동수가 2개의 자연수 m, n에 의해 기술되므로 이것은 아래와 같이 2차원 배열로 표현될 수 있다. 그리스 문자 ν는 진동수를 나타내며, 아래의 작은 숫자가 차례로 m과 n이다. 이 배열은 진동수 ν_{mn}을 오른쪽으로 n번째, 아래로 m번째에 놓은 것이다.

$$
\begin{matrix}
\nu_{11} & \nu_{12} & \nu_{13} & \nu_{14} & \cdots & \nu_{1n} \\
\nu_{21} & \nu_{22} & \nu_{23} & \nu_{24} & \cdots & \nu_{2n} \\
\nu_{31} & \nu_{32} & \nu_{33} & \nu_{34} & \cdots & \nu_{3n} \\
\nu_{41} & \nu_{42} & \nu_{43} & \nu_{44} & \cdots & \nu_{4n} \\
\vdots & \vdots & \vdots & \vdots & \ddots & \\
\nu_{m1} & \nu_{m2} & \nu_{m3} & \nu_{m4} & \cdots & \nu_{mn}
\end{matrix}
$$

이렇게 생긴 숫자들의 배열을 **행렬**이라 부른다.

전자의 위치나 속도를 직접 측정한 사람은 없지만, 전자가 빛을 낸다면 반드시 진동 운동을 하고 있어야 한다. 이는 전자기학의 요청 사항이다. 스마트폰이 전자기파를 만들어 내는 동안 스마트폰 안테나의 전자들이 진동 운동을 한다. 그 진동수가 당신의 핸드폰이 할당받은 고유한 진동수다. 빛도 전자기파의 일종이다.

이제 간단한 수학을 사용하면 전자의 위치도 진동수와 비슷한 구조로 쓰여야 됨을 보일 수 있다.[5] 즉 위치도 행렬이란 말이다. 즉 X_{mn} 같이 써야 한다. 사실 여기가 가장 중요한 단계다. 속도도 마찬가지다. 행렬이란 말이다. 속도에 질량을 곱하면 운동량이 된다. 운동량도 P_{mn} 과 같이 행렬이 된다. 하이젠베르크가 만든 양자 역학을 행렬 역학이라 부르는데, 이것이 그 이유다.[6]

이게 왜 중요할까? 이제 위치와 운동량을 곱해 보자. 행렬은 하나의 수가 아니라 수들의 배열로 되어 있다. 행렬은 곱하는 순서를 바꾸면 같지 않다.[7] 위치 X와 운동량 P의 경우 $XP \neq PX$ 라는 말이다. 이것이 핵심이다. 보통, 위치나 운동량은 그냥 숫자다. 숫자는 곱하기의 순서를 바꿔도 결과가 같다. 2×3이나 3×2나 똑같이 결과는 6이다. 하지만 행렬 역학에서는 곱하기 순서를 함부로 바꾸면 안 된다.

하이젠베르크와 막스 보른은 위치와 운동량의 곱하는 순서를 바꿨을 때 이들이 얼마나 같지 않은지도 알아냈다.[8] 양자 역학을 얻기 위한 단 하나의 조건이라 보면 된다. 양자 역학은 고전 역학과 다르다. 위치와 운동량이 곱셈의 교환 법칙을 만족하지 못한다. 물론 이것을 이용하여 실제 문제를 풀려면 추가적인 지식이 필요하다.

정리해 보자. 양자 역학은 원자를 다룬다. 원자는 직접 볼 수 없다. 우리가 보는 것은 원자가 흡수/방출하는 빛뿐이다. 보어에 따르면 이것은 전자가 2개의 정상 상태를 넘나들 때 일어난다. 두 상태를 각각 m, n으로 나타낼 수 있고, 이 2개의 숫자를 이용하면 빛의 진동수는 행렬로 표현된다. 빛은 진동하는 전자를 의미하므로, 위치와 운동량 같은 다른 물리량들도 행렬로 표현되어야 한다. 행렬은 곱셈에 대한 교환 법칙이 성립하지 않는다. 곱셈에 대한 교환 법칙이 성립하지 않는 물리량으로 기술되는 새로운 물리학이 필요하다.

수소 원자에 전기장을 가하면 스펙트럼이 여럿으로 갈라지는데, 이를 '슈타르크 효과'라 한다. 행렬 역학을 자유자재로 사용하여 슈타르크 효과를 성공적으로 계산한 사람은 하이젠베르크의 오랜 친구 파울리였다.[9] 파울리의 계산 결과는 실험과 잘 일치했다. 하지만 푸는 과정이 너무나 복잡하고 낯설었다.

전자는 파동이다!

행렬 역학에 대한 물리학자들의 반응을 보여 주는 편지가 있다. 아인슈타인이 파울 에렌페스트에게 보낸 것이다. "괴팅겐에서는 그것을 믿는 모양이다. (나는 아니다.)" 아인슈타인의 마음에 쏙 드는 새로운 양자 역학은 다른 곳에서 탄생한다.

행렬 역학이 탄생하기 1년 전, 프랑스의 루이 드 브로이는 전자가 파동이라는 주장을 한다. 이것은 아서 콤프턴의 1922년 실험에서 아이디어를 얻은 것인데, 빛이 입자라는 것을 명백히 보여 준다. 이미 1905년 아인슈타인이 광전 효과를 빛의 입자성으로 설명했지만, 많은 물리학자들이 콤프턴 실험 이전까지 빛의 입자성을 받아들이지 않고 있었다.

드 브로이는 프랑스의 명문 귀족 가문에서 제5대 브로이 공작인 빅토르 드 브로이의 둘째 아들로 태어났다. 제1차 세계 대전 중에 전쟁터가 아니라 파리에 있는 에펠탑의 통신 센터에서 복무했는데, 이것은 그가 지체 높은 사람이라는 증거일 것이다. 드 브로이는 중세사와 법학을 전공했지만, 물리학을 전공했던 형 모리스 드 브로이(제6대 브로이 공작)의 영향으로 물리학에 흥미를 갖게 된다. 자택에 실험실을 만든 형과 함께 물리학 연구를 하던 드 브로이는 결국 1923년 전자의 파동성에 대한 논문을 파리 대학교 박사 학위 논문으로 제출한다.

당시로서 이것은 말도 안 되는 발상이었다. 하지만 공작 가문의 일원이 제출한 논문을 퇴짜 놓기 싫었던 심사 위원들은 독일에 있는 아인슈타인에게 자문을 구한다. 책임 회피랄까? 물론 당시 프랑스에 양자 역학 논문을 제대로 평가할 수 있는 사람이 없다는 것도 이유였다. 놀랍게도 아인슈타인은 "이 연구는 물리학에 드리운 커다란 베일을 걷어냈다."라는 찬사를 답장으로 보낸다. 아무튼 파동인 줄 알았던 빛이 입자라면, 전자가 파동이 아닐 이유가 뭐란 말인가?

드 브로이 이론의 핵심은 운동량이 파장의 역수로 주어진다는 것이다. 운동량은 물체의 질량과 속도를 곱한 것으로, 입자의 성질이다. 사실 이것은 아주 웃기는 상황이다. 질량과 속도 같은 입자의 성질과 파장이라는 파동의 성질이 등호(=)로 연결되어 있는 것이다. 다시 말하지만 파동에는 질량이 없다. 파장은 파동의 마루에서 마루까지의 거리를 나타낸다. 입자에는 파동의 마루가 없다. 마치 '고래'와 '페튜니아 화분'이 같다고 해 놓은 꼴이다.[10]

드 브로이 공식은 말도 안 되는 것 같지만, 이 공식을 수소 원자에 적용하면 놀랍게도 보어의 양자 조건이 튀어 나온다. 전자가 원형 궤도에 있다는 보어의 모형은 파동의 관점에서 보면, 파동이 원에 갇혀 진동하는 것이 된다. 공간적으로 갇힌 파동은 정상파를 형성하게 되는데, 이 경우 특정한 파장을 갖는 파동만이 허용된다.

정상파는 일상에서 흔하게 볼 수 있다. 대표적인 것이 현악기다. 현악기는 줄의 진동으로 소리를 만든다. 소리와 줄의 진동이 모두 파동이다. 줄의 양끝이 막힌 채로 진동하는 것이므로 이 파동은 공간적으로 갇힌 것이다. 그러므로 이 파동은 정상파가 된다. 정상파의 파장은 현의 길이에 따라 결정된다. 현을 누르면 누르는 위치에 따라 사실상 진동하는 현의 길이가 바뀐다. 따라서 진동하는 정상파의 파장도 바뀌고 음도 바뀐다. 바로 이런 정상파의 조건이 바로 보어의 양자 조건이었던 것이다.

그렇다면 보어의 정상 상태는 전자의 파동이 정상파를 이루는 것에 불과하다. 이는 전자가 마치 기타 줄의 진동과 비슷하게 존재한다는 뜻이다. 이 상황을 머릿속에 그리려고 하지 마시라. 직관적으로 이해할 수는 없다. 아무튼 드 브로이는 원자를 기술할 새로운 방법을 찾았다. 원자의 물리학은 행렬이 아니라 파동의 언어로 씌어져야 했다.

양자 역학의 두 번째 뉴턴, 슈뢰딩거

이제 하이젠베르크에 이어 두 번째 뉴턴이 필요하다. 드 브로이는 전자가 파동이라고 주장했다. 그렇다면 전자의 파동을 기술할 방정식이 필요하다. 파동은 물리학자에게 아주 익숙한 대상이다. 파동의 쉬운 예는 물결파이다. 잔잔한 수면에 돌을 하나 떨어뜨리면 물결파가 만들어진다. 돌이 떨어진 장소를 중심으로 동심원의 파면이 사방으로 퍼져 나가는 것이 보인다. 파동은 어느 한 장소에 있는 것이 아니라 공간의 여러 곳에 패턴으로 존재하며 시간에 따라 그 모양이 바뀐다. 따라서 파동 방정식은 시간과 공간에 대한 정보를 모두 기술해야 한다. 전자의 파동을 기술하는 방정식은 어떤 모습을 가지고 있을까?

에르빈 루돌프 요제프 알렉산더 슈뢰딩거는 1887년 8월 12일 빈에서 출생했다.[11] 슈뢰딩거도 하이젠베르크처럼 거의 '엄친아'였다. 공부는 항상 1등이었고, 영어, 프랑스 어, 스페인 어로 강의를 할 수 있을 정도로 언어에 통달했다. 문학, 철학에도 능통했고, 시와 예술도 좋아했다. 하지만 물리학자로서는 그다지 성공적이지 못했다. 물리학계에서는 30세를 이론 물리학자 인생의 분기점이라 하는데, 1925년, 37세가 되도록 이렇다 할 위대한 업적이 없었던 것이다. 1926년 1월 27일 슈뢰딩거는 「고윳값 문제로서의 양자화」라는 논문을 제출한다.[12] 이 논문은 전자의 파동을 기술하는 방정식을 제안하고 있다. 앞서 본 것이지만 슈뢰딩거 방정식을 한 번 더 구경해 보자.[13]

$$i\,\hbar\,\frac{\partial\,\psi}{\partial\,t} = -\frac{\hbar^2}{2m}\,\nabla^2\psi + V\psi.$$

이 식은 지금 이 순간 당신 주변에서 벌어지는 모든 자연 현상의 99퍼센트를 설명한다. 왜냐하면 세상 만물은 원자로 되어 있고, 이 식이 원자를 설명하기 때문이다. 어찌 보면 정말 놀라운 방정식이 아닐 수 없다.

슈뢰딩거의 여성 편력은 물리학계의 전설이다. 아무리 바빠도 이 이야기를 빼놓고 지나갈 수는 없다. 1925년 크리스마스, 슈뢰딩거는 스위스의 스키 휴양지 아로사에서 외도를 즐긴다. 상대가 누군지는 알려지지 않았지만, 여기서 그는 그의 이름이 붙은 파동 방정식을 완성한다. 이것은 아무것도 아니다. 슈뢰딩거의 애인 가운데 이티 융거는 17세였는데, 임신하고 낙태까지 한다. 슈뢰딩거는 동시에 힐데그룬데 마르히라는 유부녀를 만나고 있었다. 게다가 힐데그룬데의 남편은 슈뢰딩거의 동료였다. 힐데그룬데가 낳은 루츠가 슈뢰딩거에게 끝까지 남은 딸이다. 슈뢰딩거는 애까지 생겼으니 그냥 같이 살기로 한다. 법적인 아내였던 안네마리, 힐데그룬데, 딸 이렇게 모두 같이 살았다는 말이다. 그러다가 힐데그룬데가 잠깐 자리를 비우면, 또 딴 여자를 만났다. 옥스퍼드에 있을 때는 한지 봄, 아일랜드에 있을 때는 배우였던 셰일라 메이 그레네라를 만나는데 여기서 또 딸이 생긴다. 이 딸은 자기가 키우지 못하고 셰일라의 남편이 이혼을 하고 키우게 된다. 슈뢰딩거가 늙었을 때, 그와 27세의 케이트 놀런(가명) 사이에 린다라는 딸이 생긴다. 물리 이야기를 해야 하니 사랑 이야기는 이쯤에서 마쳐야 할 것 같다.

슈뢰딩거 방정식은 물리학자들에게 익숙한 미분 방정식이었다. 게다가 이것을 풀면 수소 원자의 가능한 에너지를 구할 수 있었다. 더구나 슈뢰딩거 방정식은 하이젠베르크의 행렬 역학과 동일한 결과를 주었다. 대부분의 물리학자들은 행렬 역학보다 슈뢰딩거의 방정식을 더 좋아했다. 전자 궤도 개념을 포기하고 숫자들의 배열을 생각해야 하는 추상적인 행렬 역학에 비해, 파동 방정식이 물리학자들에게 훨씬 친근했기 때문이다. 전자가 파동이라는 사실만 받아들이면 되는 것이었다. 하지만 이 파동이 '무엇'의 파동인지는 여전히 알 수 없었다.

　　아무튼 하이젠베르크의 행렬 역학과 슈뢰딩거의 파동 역학이 탄생함으로써 양자 역학의 시대가 개막되었다. 행렬 역학은 정상 상태를 출발점으로 한다. 따라서 보어 이론의 적자(嫡子)라 할 만하다. 슈뢰딩거의 이론은 파동을 근간으로 한다. 정상 상태란 다름 아닌 파동의 정상파 상태일 뿐이다. 정상 상태라는 보어 이론의 핵심 아이디어는 양자 역학에 와서도 살아남았다는 것을 알 수 있다. 아니, 그 핵심에 자리 잡고 있다고 보는 편이 옳겠다. 하지만 보어가 주장했던 '궤도 양자화'라는 개념은 더 이상 살아남을 수 없었다. 행렬 역학을 만든 하이젠베르크는 궤도라는 개념의 철폐를 그 이론의 출발점으로 삼았고, 파동 역학의 경우 이미 입자 대신 파동을 그 중심에 뒀으므로 궤도라는 개념이 아예 불필요하다.

　　양자 역학이 파동으로 기술된다는 것은 하이젠베르크의 주장과 대비하여 중요한 함의를 갖는다. 하이젠베르크는 원자를 이해하기 위해서 기존의 물리학을 버려야 한다고 주장했다. 이에 비해 슈뢰딩거는 파동이라는 기존의 개념으로 원자를 이해할 수 있다고 말한 것이다. 물론 전자는 입자다. 하지만 전자가 파동이라고만 가정한다면 보어가 도입한 양자 도약 따위 없이도 양자 역학을 구축할 수 있다. 원자가 야기한 혼란 속에 우왕좌왕하던 물리학자들에게 이것은 구원의 메시지가 아닐 수 없었다.

슈뢰딩거는 그의 파동 방정식을 유도한 것이 아니다. 드 브로이의 공식과 수소 원자에 대한 실험 결과를 들여다보며 식을 '재구성'한 것이다. 어쨌든 결과는 성공적이었다. 물리학자들의 반응도 열광 그 자체였다. 플랑크는 "오랫동안 고민하던 수수께끼의 답을 듣고 싶어 안달하는 어린이처럼" 논문을 읽었다는 편지를 보냈고, 아인슈타인은 "당신의 아이디어는 진정한 천재에게서 솟아난 것"이라며 극찬했다. 사람들은 하이젠베르크의 이상한 행렬 역학을 배우지 않아도 된다는 것에 안도했다. 아마 많은 독자들은 앞서 소개한 슈뢰딩거의 방정식을 보며, 대체 무슨 안도를 한다는 것인지 의아해할 수 있다. 하지만 물리학자에게 미분 방정식은 친숙한 장난감이다.

이제 모든 문제가 해결되었을까?

자, 이제 우리는 두 가지 형태의 양자 역학을 가지게 되었다. 자연의 법칙이 하나라면 둘 중 하나는 틀린 것이다. 과연 그럴까? 두 가지 방법은 모두 수학적으로 '고윳값 방정식(eigenvalue equation)'[14] 의 형태를 가지고 있다. 더 나아가 두 가지 방법이 수학적으로 동등함을 슈뢰딩거가 보였다. 어느 것을 써도 무방하다는 이야기다. 하지만 두 가지 방법은 물리적으로 사뭇 다른 가정으로부터 얻어진 것이다.

행렬 역학의 경우 오로지 관측 가능한 물리량만을 바탕으로 물리학을 재구성한 결과 얻어진 것이며, 파동 역학은 전자가 파동이라는 가정 하에 얻어진 것이다. 행렬 역학에는 보어의 사상이 깔려 있다. 띄엄띄엄한 상태들 사이의 불연속적 도약을 염두에 두고 만든 역학이다. 하지만 슈뢰딩거의 파동 방정식은 다르다. 파동은 전 공간에 퍼진 패턴이다. 이것은 연속적으로 변한다. 띄엄띄엄한 에너지는 단지 파동의 파장이나 진동수가 특정한 값만 가능하다는 의미다. 이것은 현악기의 예에서 보듯 익숙한 현상이다. 당신이라면 어떤 방법을 선호하겠는가?

1926년 7월 23일 슈뢰딩거의 강연에서 하이젠베르크는 다소 무례한 질문을 했다. 불연속성을 갖지 못한 파동 역학은 불완전하다는 취지의 내용이었다. 이때 원로 교수인 빌헬름 빈이 벌떡 일어나 질문자를 공격하기 시작했다. 하이젠베르크에 따르면 빈이 그를 "거의 방 바깥으로 던져 버렸다."라고 한다. 사람들은 파동 역학을 좋아했다. 하지만 진실은 다수결로 결정되는 것이 아니다. 행렬 역학이 주장하는 '도약' 없이 현상을 설명하는 것이 불가능하다면 파동 역학에도 도약을 도입해야 한다.

사실 하이젠베르크의 주장은 대단히 과격한 것이다. 전자의 위치나 운동량을 포기하라니! 뉴턴 역학에 따르면 운동의 기술은 위치를 아는 것에서 출발한다. 달의 운동을 기술하려는 사람이 달이 어디 있는 줄 모른다면 말 다한 것 아닌가. 전자가 실제로 존재하는 것이라면 분명 어딘가 위치를 점하고 있을 것이다. 양자 역학은 전자가 위치를 가지지 않는다고 주장하는 것인가, 아니면 위치를 알 수 없다고 말하는 것인가? 존재하는 것은 적어도 공간을 점유해야 한다. 아마도 하이젠베르크는 위치를 알 수 없다고 말하는 것 같다. 운동량도 마찬가지다. 그렇다면 위치와 운동량을 모두 알 수 없는 대상에 대해 어떻게 에너지를 알 수 있는 것일까? 에너지는 운동량과 위치의 함수 아닌가?

파동 역학도 많은 문제를 가지고 있다. 슈뢰딩거조차 파동 방정식이 기술하는 파동이 무엇인지 알지 못했다. 아마도 파동의 크기가 전자의 밀도와 관련이 있을 것이라 예측할 뿐이었다. 무엇보다 파동 이론은 전자의 입자성을 설명해야 하는 난제를 안고 있었다. 전자는 분명 입자다. 질량도 가지고 있지 않은가? 파장이 다른 파동을 많이 모아서 더하면 공간적으로 좁은 영역에만 존재하는 파동을 만들 수 있다. 이를 '파동 묶음(wave packet, 파속)'이라 한다. 좁은 파동 묶음은 아주 빠른 속도로 퍼진다. 파동이 퍼지면 전자가 커진다는 말일까? 아니면 전자가 여기저기 존재하게 된다는 말일까? 전자에게 아무 짓도 안 했는데 말이다. 파동의 묶음 따위가 어떻게 전하나 질량을 가질 수 있을까? 물결파는 질량을 갖지 못한다.

1926년 양자 역학은 드디어 그 수학적 모습을 드러냈다. 계산 결과는 실험과 잘 일치했다. 하지만 그 수학 뒤에 깔려 있는 물리적 의미가 무엇인지는 불확실했다. 무엇인가 놓치고 있는 것이 분명 있었다. 양자 역학의 해석을 두고 물리학자들 사이에 격돌이 벌어진 이유다. 이 전쟁의 승자는 보어와 하이젠베르크였고, 이들의 주장을 '코펜하겐 해석'이라 한다. 이제 양자 해석의 전쟁터로 떠나 보자.

6장 　이론이 결정한다!

1926년 양자 역학이 탄생했다. 태어난 아이는 하나가 아니라 둘이었다. 이 둘은 모습이 완전히 달랐다. 하이젠베르크가 낳은 행렬 역학은 기존 물리학을 송두리째 뒤엎는 전제가 필요했다. 반면 슈뢰딩거의 파동 역학은 입자가 파동이라고만 생각하면 어느 정도 수긍할 수 있는 이론이었다. 더구나 물리학자에게 행렬은 낯선 수학이었으나 파동 방정식은 고향집같이 편안한 도구였다. 사람들은 당연히 슈뢰딩거의 파동 역학을 좋아할 수밖에 없었다. 문제는 이 두 상이한 이론이 똑같은 답을 내놓는다는 것이었다.

실용적인 사람은 이런 입장을 취할 수 있다. 어차피 답이 같고 둘 다 실험 결과를 잘 설명한다면 아무거나 쓰면 그만 아닌가? 어떻게 이해하든 무슨 상관인가? 하지만 진리를 추구하는 이론 물리학자라면 이런 질문을 하지 않을 수 없다. 대체 원자의 본질은 무엇일까? 원자는 어떤 방식으로 이해하는 것이 올바른가? 1926년 양자 역학의 수학적 체계는 모습을 드러냈다. 남은 문제는 수학적 결과를 어떻게 이해하느냐였다.

하이젠베르크의 입장을 정리해 보자.

우리는 원자에 대해 측정할 수 있는 것만 가지고 논의해야 한다. 지금까지 원자를 직접 본 사람은 아무도 없다. 아마 미래에도 없을 것이다.[1] 그러니 원자를 이루는 전자의 위치나 속력 따위를 이야기하면 안 된다. 우리가 원자에 대해 알 수 있는 것은 원자가 내놓는 빛의 에너지, 보어의 이론에 따른 전자의 급격한 상태 변화다. 이것만 가지고 이론을 만들면 행렬 역학이 나온다. 양자 역학의 핵심에는 이런 불연속성이 있다. 슈뢰딩거의 파동 역학은 시공간상에서 연속적으로 변하는 파동으로 전자를 기술한다. 불연속이 없는 이런 방법은 근본적으로 올바른 이론일 수 없다.

1926년 4월 28일 하이젠베르크는 베를린을 방문했고, 거기서 아인슈타인과 만나게 된다. 하이젠베르크의 주장에 대해서 아인슈타인은 다음과 같이 반박했다.

전자를 본 적 없다는 것은 맞다. 하지만 전자를 직접 보지 못했다고 해서 전자가 위치나 속도를 가지지 못한다고 생각하는 것은 '오버'다. 특히, 하이젠베르크는 관측할 수 있는 것만 가지고 이론을 만들어야 한다고 주장했는데, 이것은 완전히 틀렸다. 실제로 우리가 무엇을 관측할 수 있는지를 결정하는 것은 이론이다. 우리는 빛이 물방울에 부딪혀 굴절되며 무지개가 생긴다는 것을 알고 있다. 수증기의 물방울이 눈에 보이지는 않지만, 전자기학이라는 이론이 있기에 빛이 그렇게 행동한다는 것을 안다. 사실 하이젠베르크가 원자에서 관측할 수 있다는 것들도 전자기학을 기반으로 하고 있다. 우리는 보이는 것만 가지고 이론을 만들지 않는다.

하이젠베르크나 보어의 이론은 원자의 내부에 대해 당시의 상식으로 도저히 받아들일 수 없는 가정을 하고 있었다. 보어는 전자가 한 장소에서 다른 장소로 순식간에 이동한다고 생각했다. 하이젠베르크는 한 술 더 떠서 아예 전자의 위치에 대해 이야기하지 말아야 한다고 주장했다. 그의 주장은 우리가 단지 전자의 위치를 모르는 것이 아니라 마치 위치가 존재하지 않는다고 하는 것 같았다. 보이지 않는다고 이렇게 아무 가정이나 해도 될까? 하이젠베르크도 자기 이론에 뭔가 부족함이 있음을 느꼈다.

하이젠베르크의 불확정성 원리

라이프치히 대학교는 24세에 불과한 하이젠베르크에게 교수 자리를 제안한다. 하지만 하이젠베르크는 그 제안을 거절하고, 덴마크 코펜하겐에 있는 보어에게 간다. 양자 역학의 해석 문제를 연구하기 위해서였다. 교수직을 마다하고 비정규직 연구원을 자청한 것이다. 결과적으로 이것은 탁월한 선택이었다. 코펜하겐에서의 1년여 동안 양자 역학의 표준 해석인 코펜하겐 해석이 완성되었기 때문이다. 결국 이것은 하이젠베르크에게 노벨 물리학상을 안겨 준다.

코펜하겐에 도착한 하이젠베르크의 고민은 이렇다.

자신의 이론은 전자의 위치를 알 수 없다는 가정에 기반하고 있다. 우리가 전자의 위치를 알 수 없는 것은 단지 측정 장치가 시원치 않아서인가, 아니면 근본적으로 그런 것인가? 물론 자신의 이론이 맞으려면 근본적으로 알 수 없어야 한다. 전자의 위치를 아는 것이 왜 근본적으로 불가능할까?

이제부터 우리는 물리학의 역사에서 한번도 제대로 고민된 적 없는 문제와 마주치게 되었다. 위치를 안다는 것은 무슨 뜻일까? 하이젠베르크에 따르면 어떤 물리량을 안다는 것은 측정을 통해 그 물리량을 얻는 것이다. 전자의 위치를 측정하려면 어떻게 해야 할까? 일단 전자를 봐야 한다. 물체가 보여야 위치를 알 것 아닌가! 그렇다면 **본다**는 것은 무엇일까? 양자 역학을 하다 보면 이런 당연한 것들을 심각하게 생각하게 된다. 본다는 것은 빛이 물체에 충돌하고 튕겨 나와서 내 눈에 들어온 것이다. 보는 과정을 이렇게 자세히 설명하는 것은 바로 여기에 코펜하겐 해석의 핵심이 있기 때문이다.

빛이 전자에 충돌할 때 무슨 일이 벌어질까? 일단 우리 자신은 빛과 충돌해도 아무 일도 일어나지 않는다. 가시광선 대역 빛 입자 하나의 운동량은 날아가는 모기의 운동량보다 1,000,000,000,000,000, 000,000,000배 정도 작다. 여기서 빛에 충돌한다는 표현 자체도 이상하다. 그러나 이것은 빛이 입자의 성질도 갖는다는 빛의 이중성 때문에 나온 것이다. 그러면 빛과 부딪힐 때 물체는 충격을 받게 된다. 이 충격은 너무 작기 때문에 인간과 같이 큰 물체에는 아무 영향도 주지 못한다. 하지만 질량이 0.000000000000000000000000009그램인 전자에게는 사정이 다르다.

　　물체가 충돌에서 받는 충격은 물체의 운동량에 따라 결정된다. 운동량은 질량과 속도를 곱한 양이다. 질량이 클수록, 속도가 빠를수록 충격은 크다. 빛은 파동이기도 하다. 따라서 위치에 불확실성이 존재한다. 파동은 공간상에 퍼져 있기 때문이다. 이때 불확실성의 크기는 대략 사용한 파동의 파장 정도가 된다. 파장이란 파동이 공간적으로 한 번 반복되는 거리다. 가시광선의 경우 그 길이는 100만분의 1센티미터쯤 된다. 입자의 충돌을 이야기하다가 갑자기 파동 이야기를 하는 것은 양자 역학의 이중성 때문이다. 양자 역학에서 모든 '것'은 입자와 파동의 이중성을 가진다. 따라서 입자와 파동이 뒤섞이는 설명이 불가피하다.

　　다시 전자의 위치를 측정하는 문제로 돌아가자. 전자의 위치를 정확히 알려면 짧은 파장의 빛을 사용해야 한다. 위치의 부정확도가 파장의 크기로 주어지기 때문이다. 문제는 파장이 짧아지면 광양자 이론에 따라 빛의 운동량이 커진다는 사실이다. 빛의 운동량이 커지면 빛과 충돌하는 전자가 받는 충격도 커진다. 따라서 전자의 운동량에 큰 변화가 생기게 된다. 결국 전자의 위치와 운동량을 동시에 정확히 알기는 불가능하다. 위치가 정확해지면 운동량이 불확실해지고 운동량이 정확하려면 위치가 부정확해지기 때문이다.

　왜 빛으로 측정하는가? 좋은 질문이다. 빛이 아닌 다른 물체, 예를 들어 전자를 이용해서 전자의 위치를 측정할 수도 있다. 전자 현미경이 그 예다. 이 경우도 똑같은 논리가 적용된다. 전자도 입자와 파동의 이중성을 가지고 있고 운동량과 파장이 드 브로이의 공식으로 기술된다. 전자 현미경의 정확도를 높이려면 전자의 파장을 작게 해야 하는데 그러면 전자의 운동량이 커야 한다. 운동량이 큰 전자는 충돌 시 큰 충격을 주어 **측정당하는** 전자의 운동량을 크게 교란한다.

　이런 이유 때문에 '원리적으로' 전자의 위치와 운동량을 동시에 정확히 알 수 없다. 측정은 반드시 교란을 수반할 뿐 아니라, 위치나 운동량의 오차 중 한쪽을 줄이는 것이 다른 쪽을 늘이게 된다. 이것을 하이젠베르크의 **불확정성 원리**라 부른다. 본질적으로 완벽한 측정은 존재할 수 없다는 이야기다. 불가지론(不可知論)은 측정에 담긴 자연의 본질인 것이다.

　하이젠베르크는 전자의 위치에 대해 이야기하지 말라고 했다. 그런 것은 측정할 수 있는 양이 아니다. 그러자 아인슈타인이 물었다. 위치를 왜 측정할 수 없나? 지금은 기술이 시원찮아 볼 수 없지만 기술이 향상되면 보게 될 것 아닌가. 지금 정확히 측정할 수 없다고 위치 자체를 부정하는 것은 지나친 것 아닌가? 불확정성 원리는 이에 대한 하이젠베르크의 대답이다. 전자의 위치 측정은 원리적으로 불확실하다.

전자의 위치와 운동량을 절대로 정확히 측정할 수 없다면 전자의 운동을 확률로 기술하는 것은 불가피하다. 전자가 1초 후 어디에 있을지 알려면 운동 법칙도 필요하지만, 현재의 정확한 위치와 속도도 알아야 한다. 운동량이 질량과 속도를 곱한 것이니 속도 대신 운동량을 알아야 한다고 해도 된다. 현재의 조건을 알지 못하면 미래도 알 수 없다. 미래를 모른다면 우리가 할 수 있는 일은 확률을 따지는 것뿐이다. 실제로 막스 보른은 슈뢰딩거 방정식의 파동이 확률을 나타낸다고 제안했다.

보어의 상보성

하이젠베르크의 불확정성 원리에 대한 보어의 반응은 뜨뜻미지근했다. 보어는 좀 다른 해결책을 찾았기 때문이다. 하이젠베르크가 파동을 배격하고 오직 측정 문제에 집중한 반면, 보어는 입자와 파동 모두 동등한 지위를 갖는 답을 찾고 있었기 때문이다. 하이젠베르크의 설명에서도 이중성이 중요한 역할을 하지만 하이젠베르크에게 전자는 원칙적으로 입자다.[2]

보어의 설명은 다소 철학적이다. 양자 역학에서는 서로 공존할 수 없는 2개의 배타적인 특성이 상보적(相補的)으로 공존할 수 있다. 예를 들어 전자의 입자성과 파동성은 상보적이다. 전자는 입자이며 파동이다. 하지만 실험을 하면 이 둘 중에 하나의 성질만 확인할 수 있다. 입자이면서 동시에 파동이 되는 실험은 절대 할 수 없다. 입자에 대한 실험을 하면 입자를 보게 되고, 파동에 대한 질문을 하면 파동을 보게 된다. 결국 여기서 중요한 것은 질문이다. 무엇을 물어 보느냐가 답을 결정한다는 것이다.

보어는 더 나아가 문제는 우리가 가진 '언어'에 있다고 지적했다. 상보적인 두 개념은 일상에서는 분리되어 보인다. 우리의 언어는 '입자'와 '파동'과 같이 이들을 분리된 상태로 기술할 뿐이다. 문제는 전자가 이중성을 가진다는 '사실'이 아니라, 우리에게 입자성과 파동성을 동시에 상보적으로 가지는 상태에 대한 '언어'가 없다는 것이다. 물론 이것은 단순히 어휘 부재의 문제가 아니라 개념 부재의 문제다.

보어의 입장에서 불확정성 원리는 상보성의 한 예에 불과하다. 위치와 운동량은 서로 상보적인 물리량일 뿐이다. 내가 하이젠베르크라면 기분이 나빴을 것 같기도 하다. 누구는 죽도록 생각해서 절묘한 원리를 찾았는데, 보어는 철학적인 이야기나 지껄이며 "네가 한 것은 내 이론의 일부에 불과해." 하는 격이었으니 말이다. 이 때문에 둘 사이에 미묘한 갈등이 생긴다. 둘의 차이는 미묘했지만, 어쨌든 큰 틀에서는 같은 결론에 도달했다고 볼 수 있다. 그러나 아인슈타인과는 미묘한 갈등이 아니라 심각한 갈등, 아니 처절한 전쟁이 기다리고 있었다.

솔베이 전쟁

벨기에의 사업가이자 기업가 에른스트 솔베이는 염화나트륨과 탄산칼슘으로 염화칼슘과 탄산나트륨을 생성하는 '솔베이 공정'을 개발해 많은 돈을 벌었다. 부자는 많은 일을 할 수 있다. 그는 세계 최고의 과학자들이 모여 토론할 수 있는 회의를 개최하는 데 이 돈의 일부를 썼다. 바로 솔베이 회의다. 1927년 벨기에 브뤼셀에서 열린 제5차 회의의 공식 주제는 "전자와 광자"였다. 하지만 진짜 주제는 "양자역학의 코펜하겐 해석이 맞는가?"라고 봐야 한다. 회의는 10월 24일 월요일에 시작되어 28일 금요일까지 이어졌다.

물리학에서 이 회의의 기념 사진만큼 유명한 것도 없다. 사진의 인물 가운데 노벨상 수상자만 17명이다. 이 사진에 자신의 얼굴을 합성해 넣는 것은 물리학자들의 진부한 장난이다. 참석자의 국적도 다양했다. 그러면 여기서 질문 하나. 이 회의에서 참석자들은 어떤 언어로 이야기했을까? 지금이라면 이건 질문도 아니다. 답은 영어니까. 하지만 영어가 과학의 언어로 자리 잡은 것은 제2차 세계 대전 이후다. 솔베이 회의는 제2차 세계 대전이 시작되기 12년 전에 개최되었다. 놀랍게도 회의의 공식 언어는 영어, 독일어, 프랑스어, 세 가지였다. 발표자는 본인이 원하는 언어로 발표했다. 회의 조직 위원장인 헨드릭 로런츠는 세 언어 모두에 능통했기에 사람들 사이의 소통을 도왔다고 한다. 영어가 전부인 세상에 사는 나로서는 상상하기 힘든 광경이다.

그림 6.1 솔베이 회의. 여기 시간 여행자가 있으니 찾아보시라.

첫째 날의 주제는 실험이었다. 엑스선 회절 현상[3] 연구로 유명한 윌리엄 브래그와 콤프턴 효과를 발견한 아서 콤프턴이 발표했다. 콤프턴 효과는 빛이 입자라는 움직일 수 없는 증거다. 둘째 날에는 드 브로이가 발표했다. 그는 파일럿 파동 이론을 제시했다. 이 이론에서 전자는 입자지만, 이동할 때 '파일럿파'라는 파도를 탄다. 그래서 파동성을 보인다는 이론이었다. 드 브로이의 후원자였던 아인슈타인도 외면했다니 반응이 신통치 않았던 모양이다.

셋째 날부터가 본 게임이었다. 오전에는 하이젠베르크와 보른, 오후에는 슈뢰딩거의 발표가 있었다. 하이젠베르크와 보른은 자연의 불연속성, 불확정성 원리, 확률 해석 등에 대해 이야기했으며, 양자 역

김상욱의 양자 공부

학이 더 이상의 수정이 필요 없는 완성된 이론이라고 선언했다. 회의 장에서는 이에 대해 특별한 반대가 없었다고 한다. 하지만 슈뢰딩거의 발표 후에는 보어, 보른, 하이젠베르크 등의 공격이 이어졌다. 코펜하겐 해석의 지지자들은 그들이 내놓은 해석의 과격함만큼이나 성격 자체도 과격했던 모양이다. 넷째 날은 회의가 없었다. 다섯째 날, 보어가 이야기를 시작했고, 이에 대해 지금까지 침묵하던 아인슈타인이 입을 열었다. 솔베이 전쟁이 시작된 것이다.

보어에 따르면 전자는 그 자체로 실재가 아니다. 전자는 측정의 행위 중에 실재가 된다. 기존 물리학에서는 측정 대상과 측정을 하는 관측자 사이에 분명한 경계가 존재했다. 나와 대상은 별개다. 그러므로 내가 대상을 본다는 행위가 대상에 영향을 주지 않는다. 이것은 너무나 당연해서 뉴턴조차 따로 가정하지 않았다. 그렇다면 측정에서 얻은 결과는 전자가 이미 가지고 있던 성질을 재확인하는 것에 불과하다. 즉 측정 여부와 상관없이 전자가 가진 여러 가지 물리량들은 이미 존재하고 있었다는 말이다. 이렇게 전자는 실재가 된다.

보어는 여기에 반론을 제기했다. 불확정성 원리에 따르면 측정은 그 과정 중에 필연적으로 대상을 교란한다. 측정을 통해 얻어낸 결과는 전자가 원래 가지고 있던 성질이 아니다. 그 결과는 측정 중 교란을 통해 얻은 불확실성을 반드시 포함한다. 전자가 원래 가진 성질을 절대 알 수 없다면 원래의 성질이라는 것 자체가 존재하는 걸까? 블랙홀 내부에 '날아다니는 스파게티 괴물'[4]이 있다면, 그것은 존재하는 걸까? 누구도 블랙홀 안을 볼 수 없지 않은가? 결국 전자는 실재가 아닌 것이다. 훗날 보어는 이런 말을 했다. "자연이 어떻게 존재하는 지를 알아내는 것은 물리학의 임무가 아니다. 물리학은 우리가 자연에 대해서 이야기할 수 있는 것에만 관심을 가진다."

아인슈타인은 보어의 주장에 동의하지 않았다. 그는 측정하는 순간 물리량이 결정된다면 빛보다 빠른 정보 전달이 가능하다고 지적했다. 이것은 측정을 통해 파동 함수가 붕괴하는 것과 관련된 것이다. 보른에 따르면 슈뢰딩거 방정식이 기술하는 파동 함수는 전자가 발견될 확률을 나타낸다. 측정 전 전자는 어디에 있는지 알 수 없으므로 파동 함수도 공간에 퍼져 있게 된다. 측정을 하는 순간 전자는 한 장소에 (불확정성 원리에 따른 오차를 갖고) 존재하게 되는데, 이때 파동 함수도 전자의 위치 근방으로 축소된다. 이 변화는 즉각적으로 일어난다. 아인슈타인은 이런 즉각적인 변화가 불가능하다고 말한 것이다.

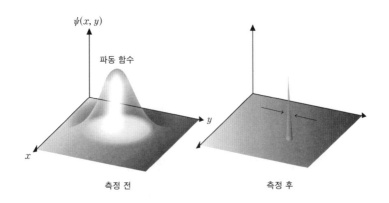

그림 6.2 솔베이 전쟁을 거쳐 양자 역학의 핵심 이론으로 자리매김한 코펜하겐 해석. 불확정성 원리에 따라 대상의 물리량은 어느 하나의 상태로 존재하지 못하고 여러 상태의 확률 파동 함수로서 분포한다. 여기에 측정을 가하면, 파동 함수가 붕괴되고 물리량은 하나의 상태로 특정된다.

코펜하겐 해석에서 파동 함수는 확률을 나타내는 추상적인 '것'이다. 이런 수학적인 '것'은 급격히 변하는 것이 가능하다. 하지만 슈뢰딩거나 아인슈타인에게 전자의 파동은 구체적 실재였다. 그러니 코펜하겐 해석 지지자들에게 아인슈타인의 지적은 어리둥절한 것이었다. 결국 제대로 된 공격이 아니었다는 이야기다.

아인슈타인은 계속해서 불확정성 원리를 공격했다. 하이젠베르크에 따르면 전자의 위치와 운동량을 동시에 정확히 재는 것은 불가능하다. 이 때문에 측정이 대상을 교란한다. 아인슈타인은 위치와 운동량을 동시에 잴 수 있는 듯 보이는 상황들을 제시했다. 하지만 그때마다 보어가 번번이 오류를 찾아냈다. 사실 보어는 이후 3년 동안 불확정성 원리에 대한 모든 공격을 다 막아 낸다.

아인슈타인의 공격이 무위로 돌아갔는데, 누가 또 공격할 엄두를 낼 수 있으랴. 코펜하겐 해석이 이긴 것이다. 솔베이 회의는 결국 코펜하겐 해석의 공식 데뷔 무대가 되었다. 1930년 제6차 솔베이 회의에서는 약간의 해프닝이 있었다. 아인슈타인은 다시 보어에게 불확정성 원리를 깨는 듯 보이는 상황을 보여 주었던 것이다. 이번 것은 좀 심각했는지 보어도 금방 답하지 못했다. 사람들은 보어가 "매 맞은 개처럼 보였다."라고 말했다.[5] 하지만 이 문제는 아인슈타인 자신이 만든 일반 상대성 이론을 고려하니 해결되었다. 아인슈타인이 공격에 눈이 어두워 자신의 이론마저 깜박했던 것일까.

직관의 덫

아인슈타인은 죽을 때까지 코펜하겐 해석을 받아들이지 않는다. 양자 역학의 초석을 놓은 이가 바로 아인슈타인이었다는 것을 생각하면 아이러니가 아닐 수 없다. 빛의 이중성을 처음 깨닫고 빛이 입자라고 주장한 것이 바로 아인슈타인 아니었나. 더구나 그의 주장은 15년 가까이 인정받지 못했다. 그래도 입자설을 끊임없이 주장한 이가 바로 아인슈타인이었다. 움직이는 사람의 시간이 느리게 흘러간다는 (진짜 말도 안 되어 보이는) 상대성 이론을 개발한 그였지만, 전자가 측정하기 전에 실재하지 않는다는 주장은 받아들일 수 없었다.

과학의 역사는 인간의 상식이나 경험이 얼마나 근거 없는가를 보여 준다. 태양이 아니라 지구가 돌고, 지구상의 생명은 끊임없이 변화해 왔다. 지구는 태양 주위를 도는 보잘것없는 암석 덩어리 같은 것이며, 우주는 138억 년 전 폭발하며 생겨났다. 일견 말도 안 되는 것 같은 사실이 옳다는 것을 알려 준 것이 과학이다. 과학을 제대로 하려면 우선 철썩같이 믿고 있는 상식조차 의심해야 한다. 따라서 과학의 핵심은 합리적 의심이다. 허나 의심 전문가인 과학자들조차 상식의 덫에 걸리는 경우가 있다. 바로 직관 때문이다.

과학자에게 직관은 중요하다. 과학자는 직관으로 할 일을 결정하고, 결과를 예측한다. 물론 학술 논문에는 엄밀한 확인과 수학적 논증만이 가득하다. 하지만 과학자의 작업에서 가장 중요한 부분은 언제나 직관이다. 아인슈타인은 전자가 실재한다는 직관을 버리지 않는다. 어찌 보면 이것은 철학의 영역이다. 전자는 실재하는가? 이것보다 선행되어야 할 질문은 '실재란 무엇인가?'다. 사실 아인슈타인과 보어는 '이해한다.'는 것이 무엇인지를 두고도 논쟁을 벌였다.

과학자에게 직관은 중요하지만 그것 역시 근거 없는 것이다. 직관으로부터 얻은 예상이 옳지 않다면 직관을 버려야 한다. 인공 지능 '알파고'는 우리에게 직관이 무엇인지 하는 의문을 던져 주었다. 알파고는 바둑 프로 기사들의 직관으로 이해할 수 없는 수를 두어 결국 이겼다. 컴퓨터는 오로지 이기는 것만이 목적이었기에 인간 프로 기사가 가진 직관의 덫에서 자유로웠던 것이다. 사실 직관은 믿음의 일종이다. 정확한 근거나 논리적 이유 없이 경험과 느낌만으로 판단하는 것이다. 상당히 근거 있는 믿음이라 종종 유용하기는 하지만 믿음은 믿음이다.

코펜하겐 해석을 둘러싼 솔베이 회의의 논쟁은 알파고와 비슷한 교훈을 준다. 의심의 대가(大家) 물리학자조차 직관의 덫에 걸릴 수 있다는 것이다. 말은 이렇게 했지만, 전자가 실재하지 않는다는 것을 받아들이기는 쉽지 않다. 우주는 우리가 상상할 수 있는 것보다 더 이상하다. 아니, 우리가 상상할 수 있는 한계를 넘을 정도로 이상하다.

1927년 양자 역학은 확립되었다. 이제 물리학자들은 둘 중 하나를 선택해야 했다. 양자 역학을 받아들이고 세계 정복에 나서거나 양자 역학을 거부하고 레지스탕스가 되어야 했다. 양자 역학을 받아들인다는 것은 코펜하겐 해석의 핵심인 확률 해석과 불확정성 원리를 믿는다는 뜻이다. 이제 이 두 개념에 대해 자세히 논의해 보자.

7장　신은 주사위를 던진다

자유 의지 문제

당신은 분명 지금 이 책을 읽고 있다. 당신이 중고생이라면 부모님이 사줘서 할 수 없이 읽고 있을 수도 있다. 하지만 대부분의 독자는 자유 의지로 읽고 있을 것이라 믿는다. 자유 의지? 자유 의지라는 것이 과연 존재할까?

1687년 뉴턴은 그의 역작 『프린키피아』를 출판했다. 이 책에서 뉴턴은 운동을 기술하는 수학적 법칙을 제시한다. 바로 $F = ma$ 다. 초기 조건이 주어지면 모든 운동은 한 치의 오차도 없이 이 법칙에 따라 움직여야 한다. 이런 점에서 우주는 거대한 기계와도 같다. 따지고 보면 당신이 지금 이 책을 보는 것은 10분 전 당신의 몸을 이루는 모든 것의 상태 때문인지도 모른다. 당신은 10분 전의 상태로부터 뉴턴의 법칙에 따라 정해진 궤적을 따라 지금의 책 읽는 상태에 도달한 것이다. 만약 당신이 "뭐, 그럴 수도 있겠지." 하며 고개를 끄덕인다면, 제대로 낚이기 시작한 것이다.

당신의 10분 전 모습은 어젯밤의 상태에서 진행해 온 것이다. 어젯밤의 상태는 그 전날의 상태에서 온 것이고……. 이런 식으로 계속 나가면 당신이 지금 책을 읽는 것은 어머니 뱃속에서 나오는 순간 결정된 것인지도 모른다. 아직 끝난 것이 아니다. 어머니의 상태도 역시 할머니의 상태로, 결국 우주의 시작인 대폭발까지 가야 끝나는 이야기다. 이것은 뉴턴식 결정론의 다소 황당한 결론이다.

이런 논리대로라면 세상에 죄인은 없다. 내가 사람을 죽인 것은 내 자유 의지가 아니라 우주가 탄생할 때 결정되어 있었던 것이니까. 뉴턴이 만든 고전 역학에 무작위성이란 없다. 모든 것이 다 결정되어 있다는 말이다. 그러면 자유 의지는 허상일까? 당시 사람들은 의식은 물질이 아니어서 뉴턴 역학으로 기술되지는 않을 것이라 생각했다. 따라서 우주는 결정되어 있지만, 자유 의지는 존재한다는 입장을 가질 수 있었다. 물론 이런 상황이 편할 리는 없다. 의식이라고 자연법칙을 벗어날 수 있을까? 더구나 최근 뇌 과학은 의식을 점점 더 물질의 일종, 혹은 그 산물로 보고 있다.

철학의 역사에서 자유 의지는 골치 아픈 문제였다. 철학자 스피노자에 따르면 모든 일은 절대적이고 논리적인 필연에 따라 정해져 있다. 따라서 자유 의지나 우연 따위는 존재할 수 없다. 그는 신(神)

김상욱의 양자 공부

만이 실재라고 생각했으니 당연한 귀결인지도 모른다. 영혼과 육체가 분리되어 있다고 생각한 데카르트는, 자유 의지는 영혼에 있으며 뇌 시상하부에 있는 송과선(松果腺, 솔방울샘)을 통해 육체를 조종한다고 여겼다. 하지만 육체는 자연 법칙에 따라 결정론적으로 움직여야 하는데, 자유 의지가 어떻게 육체를 마음대로 조종할 수 있는지는 미스터리였다.

이 문제를 해결하기 위해 데카르트의 제자 아르놀트 횔링크스는 '두 시계 이론'이라는 것을 제안했다.[1] 정신과 육체를 결정론적으로 작동하는 별개의 두 시계로 생각하자는 것이다. 신이 이 두 시계를 정확히 똑같이 맞추어 놓았다면, 둘 사이에 아무런 인과 관계가 없다고 해도, 육체가 마치 자유 의지의 명령을 따라 움직이는 듯이 보일 것이다. 그러면 자유 의지도 존재하고 물체가 법칙에 따라 결정론적으로 운동하는 것도 가능하다. 글쎄, 필자에게는 궤변으로 보인다.

물리 법칙이 지배하는 우주에 자유 의지가 존재하느냐는 것은 간단한 문제가 아니다. 우선 우주가 물리 법칙에 어느 정도 지배되느냐에 따라 결정론적 우주와 비결정론적 우주로 나눌 수 있고, 각각의 우주에 대해서 자유 의지가 있다고도 없다고도 할 수 있기 때문이다.

우리 우주가 결정론적 우주이며 모든 것이 다 결정되어 있으므로 자유 의지가 없다고 생각하면 당신은 '강성 결정론자'가 된다. 우리 우주는 결정론적 우주이지만 자유 의지가 있을 수 있다고 생각하면 '양립론자'다. 우리 우주가 비결정론적 우주라고 생각하는 경우, 자유 의지가 있다고 생각하면 '자유론자'가 되고, 그럼에도 자유 의지

그림 7.1 뉴턴을 기하학적 창조주로 묘사한 윌리엄 블레이크의 「뉴턴」

가 없다고 생각하면 '양립 불능론자'가 된다.

이 구분에 따르면 근대 철학자인 데카르트와 휠링크스는 양립론자일 것이다. 『자유 의지는 없다』라는 도발적인 제목의 책을 쓴 미국의 철학자이자 신경 과학자인 샘 해리스는 강성 결정론자에 가까운데,[2] 아마 이는 많은 과학자들의 입장이기도 할 것이다. 진화론과 인공 지능의 연구 성과를 철학에 접목시키는 데 열심인 대니얼 데닛은 양립론을 주장하며, 자유 의지는 실체로서 적응에 도움이 되는 진화의 산물이라는 입장을 보인다.[3]

사실 우주가 결정론적으로 작동한다는 것과 자유 의지의 존재

여부 사이에는 간격이 있다. 철학에서 벌어지는 자유 의지 논쟁은 주로 인간의 의식을 대상으로 한다. 이 경우 결정론의 문제는 뇌에 국한하여 적용해야 한다. 우주가 비결정론적이라도 의식을 만들어 내는 뇌의 물리적 과정이 결정론적이라면 결정론적 관점에서 자유 의지를 다뤄야 한다. 이것은 의식이 뇌의 물리·화학적 작용에 불과하다는 기계론적 관점을 지지하는 경우에만 유효하다. 신경 과학자로 대표되는 많은 과학자들의 입장이기도 하다. 하지만 의식에 비물질적인 측면이 있다면 자유 의지에 대한 논의는 결정론뿐 아니라 과학의 범위를 넘어서게 된다.

고전 역학적 결정론

앞서 이야기했듯이 뉴턴의 고전 물리학은 결정론적이다. 운동을 기술하는 미분 방정식을 풀어서 보면 어느 한 순간의 위치와 속도를 알 때, 바로 다음 순간의 위치와 속도를 구하는 형태로 나타낼 수 있기 때문이다. 우주가 결정론적이라는 것은 수학적으로는 물리량들이 시간에 대한 **점화식** 형태로 주어져 있다는 것만을 의미한다.

예를 들어, 시가 t에서 물리량 $v(t)$을 알 때, $t + dt$ 시가에서의 물리량 $v(t + dt)$를 알 수 있다는 뜻이다. 여기서 dt는 아주 작은 시간 간격을 말한다. 수학적으로 써 보면 다음과 같다.

$$v(t + dt) = v(t) + adt.$$

처음 보는 식이라 너무 어렵다고 하실 분들도 있겠다. 책에 수식을 하나 넣을 때마다 판매량이 1,000부 줄어든다지만 이건 넣어도 괜찮을 것이라 생각한다. (v가 속도, a가 가속도라면 뉴턴의 운동 법칙 $F = ma$와 같은 식이기 때문이다.)

계단 하나를 오를 수 있는 기계는 아무리 높은 계단도 오를 수 있다. 점화식을 아는 것은 계단 하나를 오르는 방법을 아는 것과 같다. 초기 조건이 주어지면 점화식은 스스로 굴러가며 다음 값들을 구해 간다. 이렇게 뉴턴이 만든 고전 역학의 우주는 자동으로 진행되는 기계와 비슷하다. 따라서 시간에 대한 미분 방정식으로 표현된 물리 법칙은 결정론적이다. 당신이 지금 책을 읽는 것이 당신의 자유 의지가 아닐 수 있는 이유다.

결정론의 관점에서 볼 때, 점화식은 두 가지 범주로 나뉜다. 일반항이 존재하는 유형(I)과 존재하지 않는 유형(II)다. 일반항이란 물리량을 $v(t) = \sin \omega t$와 같이 시간 t의 함수로 명확하게 쓴 것이다. 따라서 유형(I)의 경우 초기 조건이 주어지면 곧바로 모든 시간에 대한 답을 즉각 알 수 있다. 유형(II)의 경우 점화식 자체가 존재한다는 점에선 결정론적이지만, 일반항을 알 수 없다는 점에서 그 예측 가능성은 제한된다. 점화식을 써서 차근차근 다음 항을 구하며 진행하면 언젠가 임의의 시각에서의 물리량을 구할 수는 있지만, 그것을 즉각 알 수는 없기 때문이다. 시간 t의 함수로 명확히 나타낼 수 없기 때문이다.

유형(II)의 점화식이 정말 존재하냐고 물을 사람이 있을 것 같다. 카오스 혹은 혼돈이 이에 해당한다. 카오스 혹은 혼돈에 대해서는 뒤에서 좀 더 자세히 다룰 것이다. 유형(II)는 결정론의 입장에서 미묘한 질문을 제기한다. 미래는 분명 결정되어 있으나 그것을 알려면 거기까지 가 보아야만 한다. 이처럼 예측할 수 없는 미래가 결정되어 있다는 것의 의미는 뭘까?

카오스 혹은 혼돈뿐 아니라 존 콘웨이의 '생명 게임(Game of Life)'과 같은 복잡계도 유형(II)의 점화식에 해당된다. 생명 게임은 세포 자동자(celluar automata)로 구현되는데, 많은 점화식들의 집합이라고 보면 된다. 세포 자동자가 흥미로운 것은 대니얼 데닛이 지적했듯이 단순한 입자들의 집합이 생명 현상과 비슷한 행동을 보인다는 점이다.

여기서 생명이라는 개념을 사용함에 있어 세심한 주의가 요구된다. 엄밀히 이야기하면 무언가 계속 복제해 내는 듯 보이는 패턴이 나타날 뿐이다. 자손을 늘리려는 경향은 생명의 본능이다. 하지만 이것을 생명 혹은 자유 의지의 전조로 보려는 것은 다소 무리가 있다는 생각이다. 많은 물리학자들은 이것이 실제 생명이나 자유 의지에 가깝다는 데 의문을 가지고 있다.

실제 우리가 사는 세상은 유형(II)의 점화식에 가깝다. 너무 복잡하여 미래를 예측하기가 거의 불가능하다는 말이다. 내년 크리스마스에 눈이 올지 안 올지는 분명(?) 결정되어 있다. 하지만 예측할 수는 없다. 결정되어 있으나 예측할 수 없다면 미래의 사건에 대해 자유가 있다고 해도 괜찮은 걸까? 대니얼 데닛은 그렇다는 입장이다. 그렇다면 이 자유는 우리의 주관적 무지에서 기인하는 것이 된다.

혼돈계의 미래 예측은 먼 미래로 갈수록 기하 급수적으로 어려워진다. 사실 이것이 혼돈 혹은 카오스의 정의다. 하지만 가까운 미래는 어느 정도 예측 가능하다. 이 때문에 내일의 일기 예보를 할 수 있다. 유형(II)의 무지는 과학 기술이 발전함에 따라 줄어든다. 자유 의지의 영역이 미래를 예측하는 과학 기술 능력에 의존한다는 말이다. 물론 무한한 정확도로 측정하고 무한히 빠른 속도의 컴퓨터를 가진 존재에게 유형(II)의 불확실성은 문제가 안 된다. 하지만 자유 의지 문제는 인간의 의식이 주된 대상이므로 인간이 가진 능력의 한계까지 생각하는 것이 타당하다.

결국 유형(II)를 근거로 하는 양립론자라면 자유 의지에 대해 다소 실용적인 입장이 될 수밖에 없다. 가까운 미래에 대해서 자유 의지란 없다. 많은 것들이 예측 가능하기 때문이다. 하지만 먼 미래의 일에 대해서는 예측이 불가능하므로 자유 의지가 있다고 볼 수 있다. 여기서 문제는 가까운 혹은 먼 미래의 기준이 뭐냐는 것이다. 이것은 상황에 따라 사람 또는 대상에 따라 다를 수밖에 없다. 이런 임기응변적인 관점을 갖지 않는다면, 유형(II)를 근거로 양립론을 주장하는 것은 무리다.

영화화되기도 한 추리 소설 『용의자 X의 헌신』으로 유명한 일본 작가 히가시노 게이고의 소설 『라플라스의 마녀』를 보면 재미있는 예가 나온다. 만약 세상이 결정론적으로 움직일 때, 세상의 모든 정보를 알고 있는 존재가 있다면 그는 미래를 완벽하게 예측할 수 있을 것이다. 이런 가상의 존재를 물리학에서 '라플라스의 악마'라 부른다. 이 소설에는 짝퉁 라플라스의 악마가 등장한다. 그는 먼 미래까지 예측하는 능력이 있다. 이 경우 내가 자유 의지로 하는 행동이 그에게는 자유 의지로 보이지 않는다. 예측 가능하기 때문이다. 누구의 생각이 맞는 걸까? 양립론이 갖는 문제다.

양자 역학의 비결정론

양자 역학이 나오면서 상황은 미묘해진다. 양자 역학적으로 전자는 여러 장소에 동시에 존재할 수 있다. 사진을 찍어 보면 물론 한 장소에서만 발견된다. 하지만 전자가 여러 장소에 동시에 존재하는 것이 틀림없다는 것은 이미 앞에서 수없이 이야기한 바다. 이것이 양자 역학의 가장 이해하기 어려운 부분이다. 자, 그렇다면 여기서 간단한 쪽지 시험을 봐 볼까 한다. 답이 뭔지 한번 생각해 보고 아래의 정답을 보시라.

문제: 전자의 이중 슬릿 실험에서 전자가 슬릿을 지나는 순간 사진을 찍었더니 오른쪽 슬릿에서 전자가 발견되었다. 사진을 찍기 바로 직전에 그러니까 사진을 찍기 0.0000000001초 전에 전자는 어디에 있었을까?

"그야 당연히 오른쪽 슬릿 아닌가?"라고 답하면 0점이다. 정답은 "아무도 모른다."이다.

아무도 몰라야 하는 이유는 이렇다. 첫째, 측정 전에 오른쪽에 있었다면 양자 역학이 불완전하다는 의미가 된다. 분명 오른쪽에 있었는데도 그것을 제대로 기술하지 못했기 때문이다. 둘째, 측정하려고 하다가 갑자기 마음을 바꿔 측정하지 않은 경우를 생각하면 모순이 생긴다. 측정하기 바로 직전 전자의 위치는 정해져 있다. 하지만 측정을 포기하면 전자는 다시 동시에 2개의 슬릿을 지나야 한다. 전자는 어느 장단에 맞춰야 할까?

결국 전자가 동시에 두 슬릿을 지나려면 측정 전에는 어디에 있는지 전혀 알 수 없다고 주장해야 한다. 전혀 알 수 없던 상태에서 결과를 얻게 되니까 전자의 위치야말로 진정 무작위적이다. 무작위라는 말은 2개의 슬릿에서 같은 비율로 발견된다는 것 말고 알 수 있는 것이 없다는 말이다. 그렇다면 우리가 할 수 있는 일은 전자의 위치에 대한 확률을 구하는 것뿐이다. 즉 전자의 위치에 관한 한 양자 역학은 비결정론이다. 예측할 수 없다는 말이다. 그렇다면 자유 의지가 존재할 여지가 있을까?

사실 양자 역학에서 자유 의지 문제는 여전히 미묘하다. 완전히 무작위적이라 예측 불가능하다는 것이 자유롭다는 뜻은 아니기 때문이다. 동전을 던져 미래를 결정하는 사람을 보고 자유 의지가 있다고 할 수 있을까? 암튼 양자 역학의 우주가 비결정론적이라는 결과에 대해 기뻐할 독자가 있을지도 모르겠다. 적어도 범죄에 대한 책임을 물을 수는 있게 된 것이니까. 하지만 양자 역학의 이런 확률적 측면은 많은 물리학자들의 반발을 불러일으킨다.

"신은 주사위를 던지지 않는다." 아인슈타인이 한 말이다. 사실 물리학자가 신을 들먹일 때쯤 되면 다 끝난 게임이다. 물리학자라면 수학이나 실험 데이터로 공격을 해야 하는 법이다. 아인슈타인이 위대한 물리학자라는 것에는 이론의 여지가 없다. 하지만 아인슈타인은 죽을 때까지 양자 역학의 비결정론을 받아들이지 않았다. 아마도 그는 우주가 법칙에 따라 오차나 무작위성 없이 완벽하게 작동한다고 믿은 것 같다. 1927년 솔베이에서 열린 학회에서 아인슈타인은 학회 기간 내내 보어를 집요하게 공격한다. 이것을 보다 못한 에렌페스트는 이렇게 일침을 날린다. "아인슈타인 박사. 자네가 부끄럽네. 마치 자네 적들이 상대성 이론에 대해 반박하는 바로 그런 식으로 새로운 양자론을 반박하고 있잖나?"

이제 신이 던지는 주사위에 대해 중요한 질문을 던져 보자. 양자 역학은 왜 비결정론적이어야 하는가? 뚱딴지같은 소리일지도 모르겠다. 입자가 파동같이 행동하니까 확률로 해석하자고 이미 이야기하지 않았었나? 그렇다면 질문을 이렇게 바꿔 보자. 전자는 분명 입자인데 왜 고양이와 같이 행동하지 않는가?

고양이의 운동은 뉴턴 역학으로 기술된다. 뉴턴 역학은 한마디로 $F = ma$ 라 할 수 있다. 힘이 가해지면 속도가 변한다는 것이다. 물체에 아무 짓도 하지 않으면 속도가 일정하다. 이를 등속 직선 운동이라고 한다. 결국 운동 법칙이란 속도에 대한 문제다. 속도란 주어진 시간 동안 위치가 얼마나 바뀌었는가를 나타낸다. 시속 80킬로미터로 움직이는 자동차는 1초에 22미터 정도 움직일 수 있다. 속도를 통해 우리는 위치의 변화에 대한 정보를 얻을 수 있다. 위치와 속도, 이 두 가지야말로 뉴턴 역학을 이루는 핵심 요소다.

당신이 지금 이 책을 읽고 있는 것이 10분 전의 상태에서 기인한 것이라고 말할 때, '상태'란 바로 우주 모든 것의 위치와 속도를 말하는 것이다. 뉴턴 역학에서는 위치와 속도를 알면 모든 것을 아는 것이기 때문이다. 물론 위치와 속도가 어떻게 모든 것을 나타내느냐고 반박할 분이 계실지도 모르겠다.

자, 컴퓨터 게임을 한번 생각해 보자. 게임 속에는 하나의 우주가 존재한다. 물론 그것은 실재하는 것이 아니다. 하지만 게임 속 유닛들은 자신이 실재한다고 믿을지도 모른다. 미네랄을 채취하면 유닛을 만들 수 있고, 총알을 맞으면 유닛이 사라지니 말이다. 이런 의미에서 프로그램 개발자는 가상의 우주를 만들었다고 볼 수 있다. 사실 게임 속의 우주는 컴퓨터 명령어의 집합체일 뿐이다. 명령어가 하는 일이란 매 순간 유닛들의 위치를 결정하는 것이다. 하지만 한 순간 위치만 알아가지고는 그다음 순간의 위치를 결정할 수 없다. 지금 위치와 그다음 순간 위치 사이의 관계를 알아야 한다. 앞에서 이야기한 점화식이 나오는 이유다. 짧은 시간 동안 위치의 변화, 바로 속도다. 즉 매 순간 위치와 속도를 알 수만 있다면 스스로 굴러가는 우주를 만드는 것이 가능하다. 이것이 바로 뉴턴 역학의 세계다. 운동 법칙은 속도의 변화를 기술한다.

만약 입자의 위치와 속도를 동시에 알 수 없다면 확률을 피할 수 없다. 상태를 결정하기 위해 뉴턴 역학에서 필요로 하는 정보를 모두 가지지 못했기 때문이다. 주사위를 던질 때 우리는 확률을 생각한다. 각 면이 나올 확률은 6분의 1. 이것은 우리가 주사위의 초기 상태를 정확히 모른다고 가정하기 때문이다. 하지만 우리가 주사위의 초기 상태를 왜 모른단 말인가? 주사위는 손바닥 위의 어느 위치에 정지해 있다. 따라서 웬만한 물리학자라면 주사위의 궤적을 계산하여 어느 면이 나올지 예측할 수도 있다. 이런 의미에서 주사위 던지기는 완벽히 무작위적인 과정은 아니다. 잼 바른 빵은 항상 잼 바른 면으로 떨어진다는 머피의 법칙은 빵의 낙하 운동으로부터 과학적으로 설명 가능하다. 이것은 뉴턴의 고전 역학이 결정론적이기 때문에 생기는 일이다. 결국 주사위 던지기를 확률로 다루는 것은 우리가 게으르거나 물리를 잘 몰라서다.[4]

　　하이젠베르크는 전자의 운동이 확률적으로 결정되는 이유를 이렇게 설명한다. 전자의 위치와 운동량을 동시에 정확히 알 수 없다. 운동량이란 속도에 질량을 곱한 것이니 속도와 같은 양으로 보아도 무방하다. 여기서 "알 수 없다."라는 것은 우리가 게으르거나 기술적인 한계가 있어 알 수 없다는 뜻이 아니다. 아는 것이 근본적으로 불가능하다는 말이다. 이것을 하이젠베르크의 '불확정성 원리'라고 한다.

　　이 원리는 이렇게 써먹는다. 하이젠베르크가 운전을 하다 과속으로 경찰에 걸렸다. 경찰이 "X월 X일 3번 국도 A 지점에서 과속하셨습니다."라고 말하자, 하이젠베르크는 "위치를 정확히 알면 속도를 알 수 없게 됩니다."라고 답했다. 물리학자들 사이의 우스갯소리다.

위치와 운동량을 동시에 아는 것이 왜 불가능할까? 고양이의 위치를 알기 위해서는 고양이를 보아야 한다. 본다는 것이 무엇일까? 여러 번 겪은 일이지만, 양자 역학 이야기를 하다 보면 이런 당연한 것을 수도 없이 다시 되짚어야 한다. 본다는 것은 빛이 고양이에 충돌해서 튕겨 나와 그 일부가 내 눈에 들어왔다는 것이다. 양자 역학적으로 빛은 입자이기도 하다. 빛에 맞으면 충격을 받는다는 말이다. 당신이나 고양이같이 큰 물체는 빛에 맞아도 아무렇지 않지만, 전자라면 사정이 다르다. 전자같이 작은 입자는 빛에 맞으면 휘청거린다. 전자의 위치를 정확히 알고 싶으면 짧은 파장의 빛을 사용해야 하는데, 파장이 짧을수록 전자가 받는 충격량이 커진다. 충격은 운동량을 변화시킨다.

결국 측정하는 행위가 위치나 속도와 같은 물리량에 영향을 준다. 따라서 위치와 운동량을 동시에 정확히 측정할 수 없다. 이것은 측정에 대한 우리의 상식을 송두리째 뒤바꾼다. 당신이 지갑을 들여다보니 돈이 1만 원 있었다고 하자. 당신이 돈을 보는 행위가 돈의 액수를 바꾸지 못한다. 1만 원이 있었으니 1만 원이 있는 것을 본 것이다. 하지만 당신의 지갑이 양자 지갑이라면 당신이 돈을 보는 행위가 돈의 액수를 바꿀 수 있다. 아까는 1만 원이 있었는데, 다시 보니 9,000원이다. 볼 때마다 액수가 달라진다. 하지만 여러 번 측정하면 얼마가 나올지 확률은 알 수 있다. 이것이 양자 역학이 할 수 있는 유일한 예측이다.

정리해 보자. 측정하는 행위가 결과에 영향을 줄 수 있다. 이 때문에 위치와 운동량을 동시에 아는 것이 불가능하다. 위치와 운동량을 모르면 뉴턴 역학에 따라 미래를 예측할 수 없다. 이 때문에 확률을 쓸 수밖에 없으며, 결국 비결정론이 도입된다. 신은 이 순간에도 주사위를 던지고 있다.

8장 불확정성 원리의 불확정성?

비전문가에게 과학 이론을 설명하는 것은 어렵다. 기술적인 내용은 가급적 제외해야 한다. 적절한 비유는 필수다. 그러면 이해하기는 쉬워지는데, 원래의 의미는 퇴색될 수 있다. 명료하게 설명하려 하면 할수록 진실에서 멀어진다. 과학을 수식과 도표 없이 설명할 때 진실과 명료함을 동시에 성취하기 힘들다. 물리학에도 두 가지를 동시에 얻을 수 없는 것이 있다. 보어는 그것을 **상보성**이라 불렀다.[1] 앞에서 다루었던 입자와 파동이 그 좋은 예다.

전자라는 입자는 파동의 성질을 갖는다. 달리 말하면 전자는 입자이면서 파동이라는 말이다. 하지만 입자성과 파동성을 동시에 보일 수는 없다. 이들은 상보적 관계에 있기 때문이다. 하이젠베르크의 불확정성 원리에서는 물체의 위치와 운동량이 상보적이라 볼 수 있다.

그림 8.1 "대립적인 것은 상보적인 것이다(Contraria sunt Complementa)."라는 라틴 어 문장과 태극 무늬가 그려진 보어의 문장(紋章). © GJo/wiki.

즉 전자의 위치와 운동량을 동시에 정확히 결정할 수 없다는 뜻이다. 뉴턴의 역학은 위치와 운동량을 동시에 아는 것에서 출발한다. 따라서 하이젠베르크의 불확정성 원리가 옳다면 우주에 비결정론이 들어오는 것은 막을 수 없다. 양자 역학에 대한 아인슈타인의 공격이 불확정성 원리에 집중된 것도 이 때문이다.

불확정성 원리의 '불확정성'은 일본인들이 영어 'uncertainty'를 번역한 '不確定性'을 그대로 가져다 쓴 것이다. 이 단어는 보통 우리말로 '불확실성'이라고 번역된다. 이 용어가 일본어를 거치지 않고 직수입되었다면 '불확실성 원리'라고 했을지도 모를 일이다. 불확실성이라고 하면 무슨 일이 일어날지 알지 못한다는 뉘앙스가 강하다. 그런데 독일어로는 'unbestimmtheit'라고 하는데, '정해지지 않은 것' 정도의 뜻이다. 하이젠베르크는 독일 사람이니까 불확정성이 올바른 표현인 듯하다.

양자 역학 교재들을 보면, 뉴턴 역학에 불확정성 원리라는 단 하나의 가정을 추가하면 양자 역학이 나오는 것처럼 보인다. 물론 수학적인 부분만 그렇다는 것이고, 과정과 결과는 코펜하겐 해석에 따라 이해해야 한다. 암튼 양자 역학을 공부하다 보면 마치 불확정성 원리가 가장 중요하다는 느낌을 받게 된다. 실제 양자 역학에서 뭔가 직관적으로 이해가 안 될 때, 불확정성 원리를 고려하면 해결되는 경우가 다반사다.

불확정성 원리를 직관적으로 이해하는 데에 두 가지 방법이 있다. 가장 쉬운 것은 파동성을 이용하는 것이다. 파동에서 불확정성 원리는 당연하다. 벽에 작은 구멍을 하나 뚫고 빛을 통과시켜 보자. 구멍의 크기가 작아지면 구멍을 지나 스크린에 도달한 빛의 크기도 작아진다. 그런데 구멍의 크기가 어느 이하로 아주 작아지면 이상한 일이 벌어진다. 구멍이 작아짐에 따라 스크린에 도달한 빛의 크기가 오히려 커지는 것이다. 이것을 빛의 회절이라 부르는데, '푸리에 변환'

이라 부르는 수학을 통해 완벽하게 설명된다.

빛은 '광자'라는 입자이기도 하다. 구멍이 작아진다는 것은 광자가 벽면을 통과해 지나가는 위치를 점점 더 정확히 알게 된다는 뜻이다. 여기서 한 가지 지적해 둘 것이 있다. 운동량은 벡터다. 크기만이 아니라 방향도 가지고 있다. 위치를 정확히 알게 된다고 했는데 여기서 위치란 벽면 위에서의 위치, 그러니까 광자가 진행하는 방향에 수직한 방향의 위치다. 따라서 불확실해지는 운동량도 광자의 진행 방향에 수직한 방향의 운동량이다. 이 때문에 빛은 진행 방향에 수직한 방향으로 더 움직이게 되고, 그래서 더 퍼진다.

두 번째 이해 방법은 이미 이야기했다. 위치를 측정하는 행위가 운동량에 영향을 준다는 것이다. 마찬가지로 운동량을 측정하면 위치가 불확실해진다. 이것은 하이젠베르크 본인의 설명이기도 하다. 불확정성 원리는 불확정해지는 양을 정량적으로 기술해 주기 때문에 중요하다. 이것은 수학적으로 다음과 같이 표현할 수 있다.

$$\Delta q \Delta p \geq h.$$

Δq는 위치의 부정확도, Δp는 운동량의 부정확도를 나타낸다. 이 둘의 곱이 플랑크 상수 h보다 커야 한다는 말이다. 만약 위치가 정확해지면 Δq가 작아진다는 말인데, 그러면 Δp는 커져야 한다. 즉 운동량이 부정확해진다.

수식 때문에 머리가 아픈 분들을 위해 예를 들어 보자. 두 손바닥 사이에 풍선을 놓고 수평 방향으로 눌러 주면 수직 방향으로 풍선이 늘어난다. 풍선 효과라고도 하는 것인데, 풍선의 수평 방향 길이가 Δq, 수직 방향 길이가 Δp라고 생각하면 된다.

플랑크 상수 h는

$$0.0000000000000000000000000000000000663 \, \text{kg} \cdot \text{m}^2/\text{s}$$

에 불과하기 때문에 일상 생활에서 이런 효과를 보기는 힘들다. 당신이 고양이를 본다고 고양이의 운동량이 변하지 않는 이유다. 파인만은 불확정성 원리를 이용하여 전자의 이중 슬릿이 보여 주는 측정의 미스터리를 멋지게 설명한다. 많은 물리학자들이 전설의 필독서 『파인만의 물리학 강의』에 나오는 이 설명을 읽고는 코펜하겐 해석에 귀의했다. 이에 대해서 좀 자세히 알아보자.

이미 여러 번 설명한 대로, 전자는 이중 슬릿을 지나고 나면 여러 개의 줄무늬를 보인다. 하지만 전자가 어느 구멍을 지났는지 관측하면 이런 줄무늬가 사라진다고 했다. 관측하려면 전자에 빛을 쪼여야 한다. 이때, 전자가 어느 구멍을 지났는지 결정할 수 있으려면, 반드시 구멍 사이의 간격보다 짧은 파장의 빛을 이용해야 한다. 빛의 '분해능'이 파장으로 결정되기 때문이다.

분해능이란 관측 장비로 구분할 수 있는 최소 간격을 말한다. 두 선이 분해능보다 짧은 거리만큼 떨어져 있으면 아무리 눈을 씻고 봐도 하나의 선으로 보인다. 사람 눈의 분해능은 0.1센티미터 정도다.

당신 눈이 아무리 좋아도 감기 바이러스를 직접 볼 수는 없는 이유다. 현미경을 사용하면 좀 더 자세히 볼 수는 있지만, 결국 가시광선의 파장이 발목을 잡는다. 따라서 가시광선을 사용하는 광학 현미경으로는 마이크로미터, 즉 1,000분의 1밀리미터 이하를 볼 수 없다. 생물 시간에 눈이 빠지도록 현미경을 들여다봐도 원자가 보이지 않았던 이유다. 원자의 크기는 가시광선 파장보다 1만 배 정도 작다.

전자가 어느 슬릿을 지나는지 알아내려면 적어도 두 슬릿이 보일 정도의 분해능이 필요하다. 두 슬릿이 하나로 보이면 안 된다는 말이다. 앞서 설명한 빛의 분해능 이론에 따르면 전자에 쪼여 주는 빛의 파장이 두 슬릿 사이의 거리보다 짧아야 한다. 아인슈타인에 따르면 광자의 파장은 광자가 가진 운동량에 반비례한다. 광자도 이중성을 가지니 파장과 운동량을 모두 가진다. 아인슈타인은 광자의 파장이 짧아지면 운동량이 커진다는 것도 알아냈다.[2] 이 둘 사이에 이런 관계가 있다는 것이 놀랍지만 일단 받아들이기로 하자.

일반적으로 다른 물체와 충돌하여 받는 충격의 크기는 그 물체가 가진 운동량에 비례한다. 시속 4킬로미터로 걷는 사람하고 부딪치는 것보다 시속 100킬로미터로 달리는 자동차와 부딪치면 더 크게 다치는 이유다. 이 경우 달리는 자동차의 운동량은 걷는 사람보다 500배 정도 크다. 마찬가지로 빛의 운동량이 커지면 빛을 쬔 전자가 받을 영향도 커진다. 전자가 받은 충격의 크기를 운동량에 생긴 불확실성의 크기라 생각할 수 있다. 결국 전자를 관측하기 위해 사용한 빛의 운동량이 관측에 따라 생기는 전자 운동량 교란의 크기란 말이다.

자, 이제 사전 준비가 끝났으니 본격적으로 파인만의 설명을 들어보자. 이중 슬릿을 지나는 전자가 어느 슬릿을 지나는지 알려면 슬릿 사이의 거리보다 짧은 파장의 빛을 전자에 쬐어야 한다. 이때 전자는 빛이 갖는 운동량 정도의 교란을 받는다. 이 정도의 운동량이면 전자가 스크린에 만든 여러 개의 줄무늬를 흐트러뜨리기에 충분하다는 것이다.

예를 들어 학생들이 1미터 간격으로 열을 맞추어 서 있다고 해보자. 시간이 지나자 학생들이 움직이기 시작한다. 학생 각각이 좌우로 5센티미터 정도 제멋대로 움직여도 열이 흐트러져 보이지는 않는다. 움직인 거리가 학생 사이의 간격 1미터보다 충분히 작기 때문이다. 하지만 각 학생이 좌우로 1미터 정도 제멋대로 움직이면 이제 대열이 엉망으로 흐트러져 보일 것이다. 빛으로 인한 교란이 줄무늬 간격 이상이 되면 줄무늬는 흐트러져 사라진다. 이때 전자는 스크린에 별다른 패턴 없이 무작위로 분포하게 된다.

그렇다면 구멍의 간격보다 긴 파장의 빛을 사용하여 전자를 관측하면 어떻게 될까? 파장이 기니까 광자의 운동량이 작아진다. 앞서 든 예에서 좌우로 5센티미터 움직이는 경우와 같다. 이 정도 운동량으로는 줄무늬가 흐트러지지 않는다. 분해능 관점으로 보자면, 이건 봐도 보지 못한 것이랑 같다. 가시광선으로 아무리 물체를 들여다봐도 원자를 못 보는 것과 같다는 말이다. 전자의 '위치 불확실성'은 적어도 위치를 측정하는 데 사용한 빛의 분해능 정도가 되는데, 이것은 측정에 사용한 빛의 '파장'으로 주어진다. 전자의 '운동량 불확실성'은 위치 측정이 전자에 가하는 운동량의 교란 정도가 되는데, 이것은 측정에 사용한 빛의 '운동량'으로 주어진다. 빛의 파장과 운동량은 서로 반비례한다고 했다. 따라서 전자의 위치 불확실성과 운동량 불확실성도 서로 반비례한다. 어느 한쪽이 크면 다른 쪽은 작아진다는 이야기다. 이것이 바로 불확정성 원리 아닌가!

그 지긋지긋한 양자 역학의 측정 문제가 불확정성 원리로 어느 정도 설명된다니! 정량적으로 앞뒤가 잘 들어맞기에 많은 물리학자들이 매우 좋아하는 설명이다. 하지만 상대가 양자 역학인데 뭔가 너무 잘 풀린다는 생각이 들지 않는가? 사실 일부 물리학자들은 이 설명을 싫어했다.[3] 측정이라는 양자 역학의 미스터리가 광자가 전자에 부딪히는 역학적 과정으로 설명된다니! 이럴 리가 없다고 생각하면 지금까지 이 책을 잘 따라온 것이다.

1998년 《네이처》에 「원자 간섭계를 이용한 이중 슬릿 실험에서 양자 역학적 상보성의 기원」이라는 논문이 출판된다.[4] 자세한 내용은 너무 전문적이니 결과만 요약해 보자.

이중 슬릿 실험에서 입자가 어느 슬릿을 지났는지 알려면, 앞서 이야기했듯이 두 슬릿 사이의 거리보다 짧은 파장의 빛을 사용해야 한다. 그러면 빛의 운동량이 충분히 커서 입자를 교란하게 되고, 그 결과로 여러 개의 줄무늬는 사라진다. 그런데 이 논문에서는 슬릿 사이의 거리보다 훨씬 긴 파장의 빛을 사용하면서도 어느 구멍을 지나는지 알 수 있는 아이디어를 제안한다. 쉽게 말하면 광학 현미경으로 원자를 보겠다는 것이다. 분해능에 대한 이론을 생각하면 이건 애초에 불가능하다. 하지만 논문의 저자들은 양자 역학의 '얽힘'이라는 성질을 이용해서 이런 놀라운 상황을 구현하는 데 성공한다. 이들의 아이디어는 "전자를 건드려 교란한 것은 아닌데 어디를 지났는지는 알 수 있다."로 요약할 수 있겠다.

자, 이 경우 여러 개의 줄무늬는 어떻게 될까? 어느 슬릿을 지났는지 알았으니 입자로서 행동했다고 볼 수 있다. 그렇다면 양자 역학의 상보성 원리에 따라 여러 개의 줄무늬는 사라져야 한다. 이건 파동의 성질이니까. 하지만 불확정성 원리에 기초한 파인만의 설명대로라면, 전자를 교란하지 않았으니 줄무늬가 그대로 나와야 한다. 상보성과 불확정성 원리 가운데 어느 것이 더 근본적인가?

놀랍게도 실험 결과는 줄무늬가 사라진다는 것이었다. 측정을 하여 전자가 어느 슬릿을 지나갔는지 안다는 것은 그 자체로 파동성을 잃은 것이기 때문이다. 여기서 측정은 불확정성 원리에 기초한 역학적 과정이 아니다. 어떤 방식으로든 전자 위치에 대한 '정보'만 얻어진다면 우주는 측정이 일어난 것으로 간주한다는 것이다. 불확정성 원리가 틀렸다는 것은 아니다. 불확정성 원리만으로 측정 문제를 해결할 수 없다는 뜻이다. 이 실험이 갖는 함의에 대해서는 나중에 다시 심도 있게 다룰 것이다.

컴퓨터 공학자들에게 하이젠버그(Heisenbug)라 불리는 것이 있다.[5] 하이젠베르크(Heisenberg)와 버그(bug)를 합쳐 만든 용어다. 버그란 벌레라는 뜻인데, 컴퓨터 프로그램에 들어 있는 오류를 가리킨다. 오류를 고치는 과정을 디버그(debug)라 한다. 벌레 잡는다는 말이다.

하이젠버그란 디버그하려는 행위 자체가 대상에 영향을 주는 상황을 일컫는다. 여러 계산 장치를 연결한 병렬 시스템에서 이런 버그가 가끔 나타난다. 디버그 프로그램이 개입하여, 장치들 사이의 타이밍에 존재하던 오류를 검사하는 동안에는 버그가 없는 것처럼 보인다. 하지만 디버그 모드를 종료하고 전체 장치를 돌려 보면 다시 문제가 나타난다. 이런 일을 처음 겪는 초심자라면 무당을 불러 굿이라도 하고 싶은 심정이 된다고 한다. 재치 있는 작명이다.

2012년 1월 우리나라 주요 일간지에 "불확정성 원리에 결함 발견"이라는 헤드라인의 기사가 대서특필되었다. 오스트리아와 일본 연구진이 학술지 《네이처 피직스》에 기존의 불확정성 원리를 확장한 새로운 공식을 실험으로 검증했다는 논문이 실렸기 때문이다.[6] 하지만 물리학자들의 반응은 잠잠했다. 기존의 불확정성 원리가 불완전하다면 양자 역학이 삐걱거릴 수도 있는데 왜 그랬을까?

불확정성 원리에서 모호한 부분이 바로 불확실한 정도를 구체적으로 어떻게 정의하느냐이다. 동시에 값을 알 수 없는 2개의 물리량에 대한 불확실성이라는 것이 문제다. 한 물리량을 측정하여 불확실성을 구하는 동안, 다른 녀석이 영향을 받는다. 이 영향을 어떻게 다뤄야 할까? 이에 대해서는 아직 논란이 분분하다. 하지만 이 때문에 양자 역학이 흔들릴 것으로 보이지는 않는다.[7] 불확정성 원리를 보다 정교하게 다듬는 작업으로 보인다.

불확정성 원리는 일반 대중에게 물리학조차 불완전하다는 느낌을 주는 듯하다. 괴델의 불완전성 정리와 함께 과학과 수학의 한계를 보여 주는 예로 언급되기도 한다. 불확정성 원리는 우리가 직관적으로 자명하게 알고 있다고 믿는 위치나 속도 같은 물리량이 사실은 정확히 알 수 없는 대상임을 보여 주었다. 하지만 양자 역학은 불가지론과 거리가 멀다. 수소 원자에 있는 전자의 정확한 위치를 아는 것은 불가능하지만, 다른 물리량, 예를 들어 에너지를 정확히 아는 것은 가능하기 때문이다. 양자 전기 역학이 예측하는 전자의 자기 모멘트는 다음과 같이 쓸 수 있다.[8]

$$g/2 \;=\; 1.00115965218073(28) \; \text{J/T}.$$

괄호 안의 숫자는 불확실한 부분이다. 유효 숫자가 15자리다. 이것은 당신 키를 173.549398209385센티미터라고 말하는 것과 비슷하다. 이쯤 되면 서울-대전 거리를 원자 하나의 정확도로 아는 것이다. 양자 역학은 인간이 가진 어떤 이론보다 정밀한 예측을 할 수 있다. 불확실성이 주는 확실성의 마술이다.

9장 EPR 패러독스, 양자 얽힘

"나는 생각한다. 고로 존재한다." 철학자 데카르트가 한 말이다. 하지만 영화 「매트릭스」는 데카르트가 틀릴 수도 있음을 보여 준다. 저항군 지도자 모피어스는 주인공 네오에게 빨간 알약과 파란 알약을 내민다. 파란 알약을 먹으면 아무 일도 없었던 것처럼 이대로 계속 살 수 있다. 네오는 빨간 약을 선택하고, '매트릭스'를 벗어난다. 네오의 세상은 실재하는 것이 아니라 매트릭스라는 거대한 가상 세계였다. 양자 역학은 데카르트와 「매트릭스」 중 누가 옳은지 답을 준다. 이 세상이 실재인지, 또한 실재가 무엇인지 같은 질문을 던지기 때문이다.[1]

데카르트는 『방법서설』에서 철학의 확고한 기초를 세우기 위해 의심할 수 있는 모든 것을 의심한다. 그는 심지어 "지금 이 순간 내가 여기 이렇게 있는 것이 진짜 나인가?"까지 의심한다. 데카르트가 미친 걸까? 아니면 나라는 실재는 없고 거울에 비치는 나는 환각일까? 미치지 않아도 환각에 빠지지 않아도 의심을 끝까지 몰고 가면 진짜와 가짜, 실재와 비실재, 꿈과 현실의 경계가 모호해지는 지경에 도달하게 된다. 동양 사상의 호접몽(胡蝶夢)[2]이라 할까. 이쯤 되면 의심할 수 없는 대상이 남아 있을까 싶다. 하지만 데카르트는 의심할 수 없는 한 가지를 발견한다. 바로 이런 생각을 하는 나 자신이다. 나는 사유와 신체, 혹은 의식과 몸으로 나뉜다. 데카르트는 이 둘이 별개라고 생각했다. 신체는 환상일지 모르지만 이런 생각을 하는 나의 사유, 의식은 실재한다는 것이다.

실재(reality)라는 것은 철학에서 오랜 논쟁거리였다. 18세기 아일랜드 철학자 조지 버클리는 물질의 존재를 부정한 것으로 유명하다. 그에 따르면 물체는 오로지 '지각됨'으로써 존재한다. 궤변같이 들릴 것이다. 물체는 우리의 생각과 상관없이 우리 마음 밖에 실존하는 것 같기 때문이다. 하지만 버클리는 이렇게 설명한다. 어떤 대상이 감각으로 지각되어 마음속에 관념으로 있다고 하자. 그 대상이 마음 밖에 있는 실재라면 모순이 생긴다. 무엇이든 직접적으로 지각되는 것은 관념뿐인데, 관념은 마음 밖에 존재할 수 없기 때문이다. 실제로 논증은 이보다 복잡하지만 대충 이런 식이다. 이제 곧 보겠지만 양자역학이 발견한 실재도 이와 비슷하다는 것이 문제였다. 더구나 물리학자는 원래 관념론을 싫어하는 유물론자다.

1933년 아인슈타인은 독일을 떠나 미국 프린스턴에 보금자리를 마련한다. 히틀러가 정권을 잡았기 때문이다. 아인슈타인은 유대 인이다. 아인슈타인은 이곳에서 다시 양자 역학에 대한 공격의 포문을 연다. 1935년 보리스 포돌스키, 네이선 로젠과 함께 「물리적 실재에 대한 양자 역학적 설명이 완벽하다고 할 수 있는가?」라는 제목의 논문을 출판한 것이다.[3] 저자들 이름의 알파벳 첫 글자를 모으면 EPR이 되는데, 이 때문에 'EPR 논문'이라 불린다. 제목에서 드러나듯 양자 역학이 불완전하다는 것이 이 논문의 요지다.

이 논문은 우선 '실재'가 무엇인지 정의한다.

> 대상을 교란하지 않고 물리량을 확실히 예측할 수 있다면 이 물리량에 대응되는 물리적 실재의 요소가 존재한다.

표현이 까다롭다. 측정과 관련한 양자 역학의 기묘한 특성을 의식하며 정의한 것이기 때문이다. 양자 역학은 측정하기까지 결과에 대해 아무것도 알 수 없다고 주장한다. 예를 들면 이렇다. 당신 앞에 모피어스가 내민 알약 하나가 있다. 빨간색이다. 그렇다면 당신이 보기 직전에 이 알약의 색은 무엇이었을까? 이 따위 질문이 있다니 하고 생각할지도 모르겠다. 그야 당연히 빨간색이라고 말한다면 이건 양자 역학을 모르는 것이다. 측정하기 전에, 즉 보기 전에는 알약의 색깔에 대해서 아무것도 알 수 없다.

양자 역학의 코펜하겐 해석에 따르면 측정하는 순간 색이 정해진다. 측정이라는 행위가 대상에 영향을 준다는 것이다. 측정이 대체 무엇이냐고 물으면 "입 닥치고 계산이나 하라."는 답이 돌아온다.

측정이야말로 양자 역학이 가진 기이한 부분이라 할 수 있다. 아무튼 이런 점에서 EPR 논문이 정의한 실재는 양자 역학의 측정 개념과 양립할 수 없는 듯 보인다. 이 점을 염두에 두고 EPR 논문의 주장을 들어보자.

상자 안에 빨간색 알약과 파란색 알약을 넣자. 보지 않은 채로 알약 하나만 꺼내어 아주 멀리 가져간다. 빛의 속도로 약 4년 걸리는 센타우루스자리 알파별까지 갔다고 하자. 센타우루스자리 알파별에서 상자를 열어 알약을 보니 파란색이었다. 그렇다면 지구의 상자에 남은 알약은 빨간색일 것이다. 관측은 센타우루스자리 알파별에서만 이루어졌으므로, 지구에 있는 대상에 영향을 주지 않고 결과를 확실히 알아낸 것이라 할 수 있다. 지구에서 알약의 색깔은 실재적이라는 말이다.

알약의 색깔 대신 위치와 운동량을 사용하면, 이들의 실재성 역시 센타우루스자리 알파별에서의 관측 결과에 의존한다는 것을 보일 수 있다. 예를 들어 두 알약이 같은 속도를 가지고 서로 반대 방향으로 멀어진다면 처음 위치에서 두 알약까지의 거리는 언제나 서로 같다. 센타우루스자리 알파별에 한 알약이 도착한 순간, 다른 알약의 위치는 측정하지 않아도 알게 된다. 다른 알약의 위치가 실재적이라는 말이다.

불확정성 원리에 따르면 위치와 운동량을 동시에 알 수 없다. 위치나 운동량을 측정하는 행위가 서로를 교란하기 때문이다. 이 둘은 실재가 아닌 것이다. 하지만 지구에서 위치와 운동량의 실재성 여부는 센타우루스자리 알파별에서 무엇을 측정했는지가 결정한다. 센타우루스자리 알파별에서 위치를 측정하면 지구에서 위치가 실재적이 되고, 운동량을 측정하면 운동량이 실재적이 되기 때문이다. 센타우루스자리 알파별은 지구에서 4광년이나 떨어져 있으므로 우리는 어떤 측정이 이루어졌는지 즉시 알 수 없다. 즉 한 입자의 특성이 실재적일 수도 있고 실재적이지 않을 수도 있다는 것이다. EPR은 이런 상황이 잘못된 것이며 이는 양자 역학이 불완전하기 때문이라고 주장한다.

보어는 이 역설에 제대로 대응하지 못했다. 슈뢰딩거는 EPR 논문에 담긴 보다 미묘한 문제를 제기했다. 지구에 있는 알약의 색깔은 어느 순간 실재가 되는가? 센타우루스자리 알파별에서 파란색이라고 알게 되는 순간, 지구의 알약은 빨간색이 된다는 것이 양자 역학의 표준 해석이다. 하지만 우주에서 어떤 정보도 빛보다 빨리 이동할 수 없다. 센타우루스자리 알파별의 관측 결과는 빛의 속도로 진행하더라도 4년 뒤 지구에 도착한다. 그렇다면 4년이 지날 때까지 지구의 알약은 빨간색과 파란색이 2분의 1의 확률로 나오는 걸까? 이건 말도 안 된다. 지구에서 파란 알약이 나왔는데 4년 뒤에 센타우루스자리 알파별의 결과가 파란색이라면 우주가 모순을 일으키는 셈 아닌가?

양자 역학적 상호 관계는 빛의 속도보다 빨리 전달되는 것처럼 보인다. 다른 말로 관계가 **비국소적**(非局所的)이라고 한다. 아인슈타인은 이 때문에 양자 역학이 잘못되었다고 주장했다. 슈뢰딩거는 이런 괴상한 양자 역학적 상호 관계를 **얽힘**(entanglement)이라고 부르고,

양자 역학에 내재된 성질이라 생각했다.[4, 5]

　만약 양자 역학의 주장과 달리 관측하기 전에 물리량이 미리 결정되어 있다면 EPR이 제기한 실재성의 역설은 사라진다. 아직 알려지지 않은 숨은 변수가 있어서 매 순간 모든 물리량에 대한 완벽한 정보를 가지고 있다고 하면 어떨까? 그러면 모든 것은 고전 역학에서와 같이 완전히 결정된다. 단지 우리가 '숨은 변수'를 모르기 때문에 측정 전 결과에 대해 전혀 알 수 없는 것처럼 보이는 것이다. 이런 관점에 따르면 양자 역학의 기이한 결과는 자연이 원래 그래서가 아니라 우리가 아직 모르는 것이 있어서다.

　하지만 1932년 당시 28세였던 폰 노이만은 『양자 역학의 수학적 기초』란 책에서 양자 역학에 숨은 변수가 존재하지 않는다고 주장한 바 있다.[6] 폰 노이만은 컴퓨터의 아버지라 불리며, 게임 이론을 만든 것으로도 유명한 천재 중의 천재다. 숨은 변수를 주장하려면 일단 폰 노이만하고 한 판 붙어야 한다는 말이다. 숨은 변수 이론의 앞날이 가시밭길일 것은 불 보듯 자명했다.

　1952년 데이비드 봄은 숨은 변수를 이용하여 양자 역학과 완전히 동일한 결과를 주는 고전 역학적 양자 이론을 제시한다. 하지만 얽힘을 제대로 나타내기 위해서 이 숨은 변수는 빛보다 빠른 정보 전달을 허용해야 했다. 즉 비국소적 숨은 변수여야 한다는 것이다. 봄의 이론은 학계로부터 철저히 외면당한다. 사실 여기에는 봄의 특이한 이력도 한몫했다. 1950년대 초 미국은 공산주의자로 의심되는 사람들을 마녀 사냥하는 매카시즘의 시대였다. 봄도 공산주의자로 의심받

았고, 결국 1951년 프린스턴을 떠나 브라질 상파울루 대학교에 몸을 숨겨야 했다. 논문은 이 기간 중 출판된 것이다. 물론 다른 중요한 이유도 있었다. 당시 대부분의 물리학자들에게 양자 역학은 의심할 여지없이 잘 작동하고 있었고, 해석에 대한 이런 철학적 문제는 과학의 영역이 아니라고 생각했던 것이다. 사실 지금도 물리학계에 이런 분위기가 남아 있기는 하다.

모두가 봄의 논문을 무시했지만, 유럽 입자 물리학 연구소(CERN)의 전도유망한 이론 물리학자였던 존 벨은 예외였다. 당시 물리학계는 양자 전기 역학(QED)을 확립하고, 핵력에 대한 양자 역학을 구축하느라 정신이 없었다. 이런 때에 벨은 케케묵은 양자 역학의 해석 문제를 생각하기 시작한 것이다. 물론 여기에만 매달릴 수는 없으니 자투리 시간을 이용해야 했다. 역시나 중요한 일들은 '잉여력'에서 나온다는 진리를 다시 확인한다. 결국 12년이 지난 1964년 벨은 「EPR 역설에 대하여」라는 논문을 출판한다.[7] 사실 벨은 이와 동시에 다른 논문도 완성한다. 여기서 벨은 숨은 변수에 대한 폰 노이만의 주장이 틀렸음을 증명한다.[8] 난공불락 요새의 성문에 구멍을 뚫은 것이다. 이제 숨은 변수를 걱정해야 하는 상황이 되었다.

벨의 아이디어는 간단했다. EPR 역설을 실험으로 검증하자는 것이다. 지금까지 EPR 역설에 대해 물리학자들이 무관심했던 이유는 바로 국소성이니 실재성이니 하는 따위가 철학적인 문제로 보였기 때문이다. 1964년 논문에서 벨은 국소성과 실재성을 실험적으로 검증할 수 있는 방법을 제안했다. 이제 이 문제가 확실히 물리학의 영역으로 들어온 것이다. 지금부터 벨의 생각을 따라가 보자.

다시 상자 속에 있는 2개의 알약이다. 국소적 실재성이 있다는 말은 알약을 고르는 순간 색깔이 정해진다는 것이다. 알약 하나를 멀리 가져가서 측정을 한다고 해도, 그때 색이 정해지는 것이 아니라 미리 정해진 색을 확인하는 것뿐이다. 물론 측정 전에 우리는 그 색을 모른다. 숨겨져 있기 때문이다.

사실 벨은 **스핀**이라 불리는 한층 복잡한 것을 생각했다. 알약이 자전한다고 보면 비슷하다. 알약은 색깔만 보면 되지만, 스핀의 경우 측정할 수 있는 상황의 수가 많아진다. 특정 회전축에 대해 어떻게 돌고 있는지 물어볼 수 있기 때문이다. 이 경우 답은 시계 방향 혹은 반시계 방향으로 회전하는 것 두 가지뿐이다. 이때 국소적 실재성을 구현하려면 두 알약이 마치 사람같이 행동한다고 가정하면 된다. 이 사람은 지시 사항이 담긴 기다란 리스트를 들고 있다. 지시 사항이란 자신이 측정당하는 방향에 따라 보여 주어야 할 결과(시계 방향 혹은 반시계 방향)를 담고 있다. 예를 들어 x축 방향으로 측정하며 회전 방향을 물으면 빨간 알약은 시계 방향(+1이라 부르자.)을, 파란 알약은 반시계 방향(-1이라 부르자.)을 보여 주는 식이다. 두 알약이 나뉘어 떠날 때 어떻게 답을 할지 이미 결정되어 있지만, 관측자인 우리는 모르는 정보다. 이 정보가 바로 국소적 숨은 변수다.

벨이 찾은 것은 이런 식으로 만들어진 모든 리스트, 어려운 말로 모든 국소적 숨은 변수 이론이 만족해야만 하는 부등식이었다. 예를 들자면 이렇다. 2개의 변수 x와 y가 있다고 하자. x와 y는 각각

$+1$, -1만 될 수 있다. 이제 x와 y를 곱한 xy를 생각하면 아래와 같은 부등식이 성립함을 알 수 있다.

$$xy \leq 1.$$

하지만 이것을 양자 역학적으로 다루면 이 부등식은 성립하지 않는다. 왜 그런지 어리둥절할 수 있겠다. 정확하지는 않지만 대충 설명해 보자.

우선 이 부등식이 무조건 옳아야 하는 이유는 이렇다. x가 $+1$이고 y가 $+1$이면 xy는 $+1$이므로 부등식이 성립한다. x가 $+1$이고 y가 -1이면 xy는 -1이므로 이 경우에도 부등식이 성립한다. 더 할 필요 없을 것이다. 여기서 우리는 x와 y를 동시에 정확히 알 수 있다는 당연한 가정을 하고 있다. x가 어떤 특정 값일 때, y가 어떤 특정 값이라고 말하고 있기 때문이다. 그러나 양자 역학에서는 x와 y 같은 물리량들을 '동시에 정확히' 아는 것이 보장되지 않는다. x와 y가 서로 불확정성 원리를 따르는 물리량일 수 있기 때문이다. 예를 들어 x가 위치, y가 운동량이라고 하면 어쩔 것인가. 따라서 이 부등식이 성립되는 것도 보장되지 않는다. 실제 벨 부등식은 이것보다 복잡하지만, 핵심만 말하면 이렇다.

이로써 양자 역학이 맞는지 국소적 숨은 변수가 존재하는지 판별할 수 있는 부등식이 만들어졌다. 실험을 해서 이 부등식이 깨지는 것을 보이면 양자 역학이 옳고 국소적이고 실재적인 우주는 틀렸다는 것이 증명된다. 실제 벨 부등식에 등장하는 변수들은 입자의 스핀으로 결정되는 값이다. 스핀이라고 하니까 어려운 것 같지만, 앞서 설명한 알약의 회전 방향과 같은 것이라 생각하면 된다. 입자가 갖는 스핀 값이 무엇인지는 여러 가지 방법으로 측정할 수 있다. 전자의 경우 전자의 자전 방향이 스핀이다. 회전축은 외부에서 가해 준 자기장 방향이 된다. 자기장 방향을 바꾸면 측정하는 회전축을 바꾸는 셈이다. 대충은 알겠는데 얼핏 이상하다는 느낌이 들면 정상이다. 스핀을 자세히 설명하려면 그것만으로 책 한 권을 써야 한다. 이공계 전공자를 위해 덧붙이자면 빛의 경우 편광이 스핀 역할을 한다.

이런 질문을 하는 사람이 있다. 아무리 실험을 해도 x나 y가 1보다 클 수는 없을 텐데 어떻게 xy가 1보다 커질 수 있는 거죠? 그래야 부등식이 위배되는 거잖아요.

정확한 지적이다. 양자 역학이라고 해도 x와 y는 $+1$ 아니면 -1이다. 그런데 어떻게 xy가 1보다 커질 수 있을까? 이 간단한 예로는 설명이 불가능하고 벨이 만든 공식을 봐야 한다. 하지만 벨의 원래 공식보다 나중에 제시된 CHSH 부등식이 더 일반적이고 이해하기도 쉬우니까 대신 이것을 생각해 보자.

$$AC + AD + BC - BD \leq 2.$$

여기서 A, B, C, D는 각각 오로지 $+1$, -1의 두 가지 값만 가진다. 이 부등식이 반드시 만족된다는 것은 금방 보일 수 있다.[9]

한 번의 실험으로는 부등식의 진위 여부를 판별할 수 없다. 가능한 모든 숨은 변수 리스트에 대한 이야기이므로 많은 실험을 해서 얻은 값을 평균하여 판단해야 한다. 양자 역학 실험의 경우에도 부등식에 등장하는 개별 항 AB, AD, BC, BD의 값은 $+1$과 -1만 가능하다. 하지만 이들이 나타나는 확률을 고려하여 평균하면 2보다 큰 값이 나온다는 뜻이다. 많은 독자들이 어려워서 인내력의 한계를 넘나들고 있겠지만, 이 정도 설명으로 만족이 안 되는 사람이 있다면 본격적으로 공부하는 수밖에 없다. 이제 실험을 통해 결과를 확인하면 된다.

1982년 알랭 아스페는 2개의 광자를 이용하여 벨 부등식이 위배됨을 보인다.[10, 11] 양자 역학이 맞았던 것이다. 이것은 우주가 국소적 실재성을 갖지 않음을 의미한다. 논리적으로는 국소성과 실재성 둘 중의 하나만 틀려도 된다. 벨 부등식에 대한 실험은 여러 연구자들에 의해 반복되고 있다. 실제 실험에서는 여러 가지 허점이 있을 수 있기 때문이다. 2015년 10월 네덜란드의 연구팀이 모든 허점을 다 제거한 실험을 수행하여 부등식이 틀렸음을, 즉 양자 역학이 옳음을 증명했다고 보고했다.[12]

양자 역학이 실재를 거부한다고 충격 받을 필요는 없다. 당신이 갑자기 실재하지 않게 되었다거나 이 세상이 허상에 불과하다는 비약은 곤란하다. 벨 부등식이 말하는 실재성이란 측정하기 이전에 그 값이 미리 정해져 있었는지에 대한 것뿐이다. 측정이 대상에 영향을 준다는 코펜하겐 해석의 결과이기도 하다. 실재의 부정이 관념론을 지지하는 것도 아니다. 버클리가 이야기하는 지각의 주체로서의 마음은 양자 역학이 말하는 관측의 주체와 다르기 때문이다. 양자 역학의 비실재성은 대상이 외부에 실재하지 못하고 내 마음에 지각되는 형태로만 존재해서가 아니다. 양자 역학에서 우리는 대상이 내 의식과 무관하게 존재한다고 가정할 수 있다. 단지 측정이 대상에 영향을 주기 때문에 실재성을 확신할 수 없는 것이다. 더구나 대상을 측정하는 것은 내가 아니라 환경이다. 측정을 통해 대상이 나의 마음에 지각되는지는 중요하지 않다.

양자 세계에서는 하나의 입자가 동시에 2개의 구멍을 지날 수 있다. 근데, 이것은 아무것도 아니다. 양자 세계에서는 두 입자가 전 우주적으로 얽혀 있거나, 실재가 존재하지 않을 수 있다. 나는 생각한다. 그렇다고 존재하는 것은 아니다.

퀀텀 소네트[1]

원자는 우로 지나갔을까?

안 보면 양쪽으로 지나간다네.

원자는 좌로 지나갔을까?

보면 한쪽으로만 지나간다네.

내가 보든 말든 뭔 상관이지?

관측은 대상을 교란하거든.

내가 알든 말든 뭔 상관이지?

정보는 실체의 일부이거든.

혁명가 닐스가 자신 있게 말했어.

세상은 상보적, 모순이 공존하지.

천재 베르너가 조심스레 말했어.

세상은 불확정적, 모든 걸 알 수 없지.

원자는 이상하지만 내 몸도 원자라네.

자신이 무엇인지 고민하는 원자라네.

2부

10장 **양자 역학 없는 세상**

우리는 눈을 뜨자마자 스마트폰부터 확인한다. 이른 아침이라면 형광등부터 켜야 한다. 텔레비전을 켜놓은 채 출근 준비를 시작한다. 화학 섬유 옷을 입고, 유전 공학으로 만들어진 음식을 먹으며 거리로 나선다. GPS를 이용한 네비게이터가 길을 안내한다. 편의점에서 음료수 하나를 집어 내밀자 점원이 레이저로 바코드를 읽는다. 자성을 이용한 신용 카드로 결제를 하고, 동작 감지 자동문을 지나 회사로 들어선다. 자리에 앉아 컴퓨터를 켜고 초고속 인터넷을 이용하여 세계 각지에서 온 이메일을 훑어본다. 이렇게 또 평범한 하루가 시작된다. 하지만 양자 역학이 없다면 이 글의 내용 중 당신이 할 수 있는 일은 거의 없다.

보통 양자 역학이라고 하면 너무 어려워서 일반인의 머리로는 도저히 이해되지 않는 무엇이라 여긴다. 측정이 대상을 바꾼다거나 물체가 동시에 두 장소에 존재한다는 이야기를 모르고도 잘 살아온 걸 보면, 양자 역학은 이론 물리학 전공자들에게나 쓸모 있는 과학적 궤변이라고 생각할 법도 하다. 그러다 보니 첨단 이론인지는 몰라도 일상 생활과 상관없는 것으로 보일 수도 있다. 하지만 양자 역학은 안타깝게도(?) 우리 주위에 널려 있다. 그 이유는 간단하다. 양자 역학은 원자를 설명하는 이론이고, 세상 모든 것은 원자로 되어 있다. 따라서 주위에 보이는 모든 것에서 양자 역학이 작동한다고 보면 된다.

양자 역학은 원자를 설명하는 이론이다. 원자에 대한 슈뢰딩거 방정식을 풀면 그 해가 바로 원자의 모든 것을 담고 있다. 왜 헬륨은 반응성이 약한지, 금속 조각을 가열하면 왜 불꽃이 특별한 색깔만 나타내는지, 수소, 리튬, 나트륨, 칼륨, 루비듐은 왜 화학적 성질이 비슷한지 등등. 원자들이 갖는 모든 특성은 양자 역학을 통해서 이해될 수 있다. 결국 화학자들이 수백 년 동안 노력하여 만들어 낸 원자들의 주기율표를 양자 역학이 설명해 준다. 폴 디랙(1933년 노벨 물리학상)은 "모든 화학은 원칙적으로 전자들과 원자핵의 성질로부터 슈뢰딩거 방정식을 사용해서 얻을 수 있다."라고 말한 바 있다. 물론 원칙적으로 그렇다는 것이지 실제로는 간단하지 않다. 화학이라는 학문이 존재하는 이유다. 암튼 우리가 매일 사용하는 첨단 화학 제품의 바탕에는 양자 역학이 있다.

원자의 구조: 오비탈

원자의 모습에 대해서는 이미 설명한 바 있다. 전자가 원자핵 주위를 돌고 있다. 이제 좀 더 자세히 이야기해 보자. 전자가 궤도를 도는 것은 아니다. 하이젠베르크는 전자 궤도의 기술을 포기해야 한다고 말했다. 그렇다면 전자는 어디에 있는가? 이것 역시 좋은 질문이 아니다. 우리가 말할 수 있는 것은 전자의 상태뿐이다. 바로 보어가 말한 정상 상태 말이다. 슈뢰딩거 방정식을 풀면 수소 원자에서 전자가 가질 수 있는 에너지들을 얻을 수 있다. 에너지는 양자 역학에서 특별한 물리량이다. 양자 역학이니까 에너지는 불연속적이다. 띄엄띄엄한 에너지 하나하나에 상태가 대응된다. 띄엄띄엄하지만 상태는 무한히 많다. 어느 상태에 있는지 알려면 측정을 해야 한다.

우리는 지금 원자 하나를 대상으로 이야기하고 있지만, 실제 원자 하나를 다루는 것은 대단히 어렵다. 모래 알갱이 하나에도 대략 50,000,000,000,000,000,000개의 원자가 있다. 대상이 이렇게 많을 때는 통계적으로 다루는 것이 편리하다. 한국인의 키가 얼마나 크냐고 물었는데, 한 사람씩 이름을 부르며 일일이 키를 알려 주는 것은 어리석은 짓이다. 1초에 한 사람씩 이름을 불러도 쉬지 않고 600일 정도 말해야 한다. 이럴 때는 평균을 쓰면 편하다. 한국 남성의 평균 키는 170센티미터라는 식으로 말이다. 마찬가지로 개별 입자의 에너지가 아니라 평균 에너지를 생각하라는 것이다. 개별 입자가 가진 평균 에너지를 **온도**라고 부른다.

정규 분포란 것을 들어본 적이 있을 것이다. 사람의 키, 중간고사 점수 같은 것들이 모두 정규 분포를 따른다. 1,000여 명의 표본에 대한 여론 조사로 득표율을 예측할 수 있는 것도 정규 분포 덕분이다. 마찬가지로 온도만 알면 원자들의 에너지 분포를 알 수 있다. 온도가 높아지면 당연히 큰 에너지를 갖는 원자가 많아진다. 반대로 온도가 낮으면 작은 에너지를 갖는 원자가 많아진다. 지구의 온도는 잘해 봐야 섭씨 100도를 넘지 않는다. 이 정도 온도는 원자의 입장에서는 극저온이다. 수소 원자에서 가장 낮은 에너지 상태와 그 다음 에너지 상태의 에너지 차이는 온도로 환산했을 때 수천 도에 해당한다.

어떤 건물의 2층으로 가는 계단이 없어 한 번에 뛰어올라야 하는데, 모든 사람이 아무리 높이 뛰어 봐야 1미터를 뛰어오를 수 있다고 하자. 2층의 높이가 20미터라면 다들 1층에 있을 것이다. 마찬가지로 지구상의 원자들은 대부분 1층, 즉 가장 낮은 에너지 상태에 있게 된다. 지구상에서 원자에 대한 대부분의 양자 역학 문제는 **바닥 상태**라 부르는 가장 낮은 에너지 상태를 구하는 것이다.

우리가 통상 수소 원자의 크기라 부르는 것은 전자가 바닥 상태에 있을 때의 반지름이다. 반지름이라니까 궤도를 떠올리면 안 된다. 전자는 측정하기 전까지 어디 있는지 모른다. 그럼 전자의 크기라는 것은 무엇일까? 몇 차례 이야기했지만 우리가 알 수 있는 것은 전자가 특정 위치에서 발견될 확률뿐이다. 전자는 분명 3차원 공간 어딘가에 존재하니까 존재의 확률 역시 3차원 공간에서 주어진다. 수소 원자의 슈뢰딩거 방정식을 풀어 보면 바닥 상태의 확률 분포는 구(球) 형

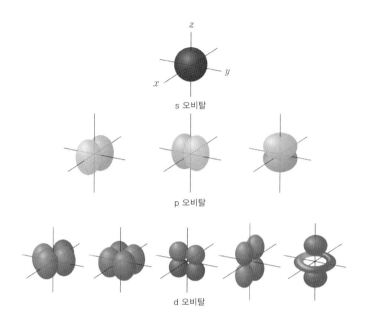

z

y

x

s 오비탈

p 오비탈

d 오비탈

그림 10.1 수소 원자의 오비탈. 불확정성 원리에 따라 원자핵 주변의 전자는 특정한 위치를 가질 수 없다. 단지 관측될 확률의 분포를 구름과 같은 형태로 표현할 수 있다. 전자의 에너지가 증가함에 따라 s 오비탈, p 오비탈, d 오비탈 등의 순서로 확률 분포가 변한다.

태가 된다. 중심에서 멀어질수록 확률이 점점 커지다가 반지름 0.5나노미터 정도에서 최대가 되었다가 점차 작아져서 0이 된다. 이로부터 반지름의 평균을 구하면 우리가 알고 있는 수소 원자의 반지름 0.5나노미터가 나온다.

물론 어느 순간 사진을 찍어 보면 공간에 하나의 전자만 보인다. 이런 사진을 무수히 찍어 한 장의 사진에 모두 표시하면 원자핵 주위로 구형의 뿌연 전자 구름이 얻어질 것이다. 바로 이것이 과학 교과서에 나오는 전자의 바닥 상태 s 오비탈의 모습이다.

전자는 서로를 싫어해: 파울리의 배타 원리

수소 원자는 전자가 1개뿐이다. 하지만 헬륨은 2개, 리튬은 3개다. 원자는 보통 여러 개의 전자를 가지고 있다. 문제는 전자 여러 개를 다루는 것이 쉽지 않다는 것이다. 전자와 같은 기본 입자들은 서로 구분 불가능하다. 완벽하게 동일하다. 기본 입자의 구분 불가능성은 똑같이 생긴 동전 2개가 구분 불가능한 것과 다르다. 동전 2개를 던져서 모두 같은 면이 나오는 확률이 얼마일까? 앞앞, 앞뒤, 뒤앞, 뒤뒤 모두 네 가지 경우 가운데 같은 면이 나오는 것은 앞앞, 뒤뒤 두 경우이므로 2분의 1이다. 만약 서로 완전히 구분 불가능한 동전을 던지면 어떻게 될까? 곰곰이 생각해 보면 '앞뒤'와 '뒤앞'을 따로 쓴 것은 두 동전을 구분할 수 있기 때문이다. 동전이 완전히 구분 불가능하다면 '앞뒤'와 '뒤앞'은 같은 사건이다. 따라서 모든 경우의 수는 앞앞, 앞뒤(=뒤앞), 뒤뒤 세 가지뿐이다. 결국 같은 면이 나올 확률은 3분의 2가 된다. 양자 역학의 기본 입자들은 실제 이런 식으로 행동한다.

구분 불가능한 입자들을 양자 역학적으로 다루면 괴상한 결론이 얻어진다. (왜 아니겠어?) 여기서 이 문제를 자세히 설명하면 독자들이 책을 덮어 버릴 수 있으니 결과만 보도록 하자. 양자 역학적으로 기본 입자는 보스 입자와 페르미 입자로 나뉜다. 보스 입자를 보손, 페르미 입자를 페르미온이라고도 한다. 전자는 페르미온에 속한다. 페르미온은 하나의 양자 상태에 하나의 입자만 있을 수 있다. 보손은 그렇지 않다. 이게 무슨 말일까? 예를 들어 설명해 보겠다. 양자 역학

김상욱의 양자 공부

이 우리의 거시 세계에도 적용된다고 가정하자. 그렇다면 방 안에서 당신이 초속 1미터나 초속 2미터로 움직이는 것은 허용되지만, 초속 0.5미터나 0.7미터로 움직이는 것은 안 된다. 양자 역학에 따른 에너지의 양자화 때문이다. 여기까지는 이미 앞에서 자세히 설명했다.

　자, 이제 인간이 페르미온이라면 이런 일이 벌어진다. 당신이 초속 1미터로 움직이는 상태에 있다고 하자. 정지하는 것은 불가능하다. 하이젠베르크의 불확정성 원리 때문이다. 이때 당신 친구가 방으로 들어온다. 인간이 페르미온이라면 당신과 친구는 구분 불가능해야 하지만, 예를 드는 것이니까 시비 걸지 마시라. 이제 친구는 초속 2미터로 움직여야 한다. 당신과 마찬가지로 초속 1미터 움직이는 것은 불가능하다. 하나의 상태에 하나의 입자만 허용되기 때문이다. 초속 1미터의 상태는 이미 당신이 점하고 있으니 친구는 다른 상태에 있어야 하는 것이다. 초속 2미터면 시속 7.2킬로미터니까, 가볍게 뛰는 것이다. 아무리 힘들어도 친구는 이렇게 뛰어야 한다. 두 사람이 모두 초속 1미터로 움직이는 것은 결코 허용되지 않는다. 이것을 '파울리의 배타 원리'라고 한다. 만약 이 방에 존재하는 양자 상태가 초속 1미터, 2미터 2개뿐이라면, 이 방에는 더 이상의 사람이 들어올 수 없다. (1장에서 이야기한 펠톤 국수 가게에서 벌어진 일이 바로 이것이다.)

　파울리 배타 원리야말로 원자의 구조를 설명하는 핵심 원리다. 전자들끼리는 전기력으로 서로 밀어내지만, 일단 이것을 무시해 보자. 지구 표면의 온도에서 원자는 바닥 상태, 그러니까 가장 낮은 에너지 상태에 있다고 앞에서 이야기했다. 그리고 전자는 하나의 상태에 하나밖에 들어갈 수 없다. 그렇다면 여러 개의 전자는 전체적으로 가장 낮은 에너지가 되도록 차곡차곡 배열되는 수밖에 없다.

원자의 에너지 상태를 건물의 층과 방으로 비유해 보자. 1층이 가장 낮은 에너지 상태다. 각 층마다 전자가 들어갈 수 있는 방이 있는데, 방의 개수가 다르다. 1층에는 2개, 2층에는 8개, 3층에도 8개가 있다. (슈뢰딩거 방정식을 풀면 방의 개수를 알 수 있다.) 여기에 전자를 3개 넣으면 1층에 전자가 2개, 2층에 1개가 있는 리튬이 된다. 전자를 11개 넣으면 1층에 2개, 2층에 8개, 3층에 1개가 된다. 나트륨이다. 실제 원자에서는 층이 높을수록, 즉 에너지가 높을수록 전자가 바깥쪽에 위치한다. 원자 외부에서 보면 제일 바깥쪽 층만 보인다는 말이다. 그렇다면 리튬이나 나트륨은 모두 제일 바깥에 하나의 전자만 보인다. 적어도 밖에서 보면 동일한 구조라는 말이다. 리튬과 나트륨이 화학적으로 비슷한 성질을 갖는 이유다.

비슷한 성질을 갖는 원자들은 제일 바깥쪽에 같은 수의 전자를 갖는다. 칼륨, 루비듐, 세슘은 리튬, 나트륨과 비슷한 성질을 갖는데, 이들을 알칼리 금속이라 부른다. 알칼리 금속은 모두 공기나 물과 쉽게 반응하고 용해도가 매우 크다. 이들은 제일 바깥쪽 전자가 하나라는 공통점을 갖는다. 드미트리 멘델레예프는 원자들을 무거운 순서로 적당히 나열하면 화학적으로 비슷한 성질의 원자들이 주기적으로 나온다는 사실을 발견했다. 이것을 화학에서는 **주기율표**라고 부른다. 하지만 원자들이 왜 이런 특성을 나타내는지는 알지 못했다. 양자 역학이 나온 다음에야 화학자들은 주기율표의 의미를 이해하게 된다.

김상욱의 양자 공부

분자는 전자를 공유해: 공유 결합

앞에서 누누이 이야기했지만 양자 역학은 하나의 입자가 2개의 구멍을 동시에 지날 수 있다고 말한다. 이런 상태를 중첩 상태라고 부른다. 신기하고 재미있는 현상인 것 같기는 한데, 대체 이것이 우리 일상과 무슨 상관이 있을까?

눈에 보이지는 않아도 우리 주위는 공기로 가득 차 있다. 공기는 주로 질소와 산소 분자로 이루어져 있다. 하나의 산소 분자는 산소 원자 2개가 만나 결합된 것이다. 이 결합을 **공유 결합**이라 부르며, 실제 2개의 산소 원자가 전자쌍 2개를 공유한다. 공유한다는 말은 전자들이 2개의 산소 원자들에 걸쳐 동시에 존재하는 상태에 놓이게 되었다는 말이다.

이것은 전자가 2개의 슬릿을 동시에 지나는 것과 비슷한 현상이다. 전자가 두 장소에 동시에 머문다는 말은 두 장소가 하나로 묶여 있다는 말과 같다. 산소 분자의 원자들은 이런 식으로 결합을 이룬다. 우리 주위의 산소, 질소와 같은 기체들의 안정적 구조가 바로 양자 역학의 중첩으로 설명된다는 것이다. 당신의 몸을 이루는 수많은 분자들 역시 공유 결합으로 이루어져 있다. 양자 역학의 중첩은 당신이 물질적으로 안정하게 존재하는 이유도 설명한다.

공유 결합으로 이루어진 산소 분자가 없으면 우리는 잠시도 살 수 없다. 하지만 산소는 사실 위험한 기체다. 기체 가운데 가장 반응성이 강한 것이 플루오린(불소)인데, 2012년 9월 '구미 불산 유출 사고'로 그 위험성이 널리 알려졌다. 다음으로 반응성이 강한 것이 염소와 산소다. 염소는 제1차 세계 대전에서 독가스 무기의 재료로 사용되었다.

인간과 같은 다세포 생물은 막대한 에너지를 필요로 하는데, 반응성이 강한 산소를 이용하여 이 에너지를 얻는다. 이 과정을 호흡이라 한다. 원자력이 위험하지만 덕분에 많은 에너지를 얻을 수 있는 것과 비슷하다. 산소를 사용하지 않았으면 우리는 아직 단세포 생물의 단계에 머물러 있어야 할 것이다. 다른 분자들은 대개 혈액에 섞여 그냥 이동되지만, 산소는 헤모글로빈이라는 단백질에 실어 이동시킨다. 위험물 특별 호송이라 할 만하다. 실수로 산소가 빠져나가 몸속을 돌아다니면 치명적인 위험이 되기 때문이다. 산소와 헤모글로빈의 결합, 산소의 에너지 대사 과정 모두가 양자 역학으로 이해된다.

고체 속을 여행하는 자유 전자: 띠 이론

산소 분자와 같이 원자 2개만 중첩 상태를 이룰 수 있는 것은 아니다. 실제로 물질은 수없이 많은 원자로 이루어져 있다. 물질을 여러 가지 기준으로 분류할 수 있지만, 전기 전도 특성에 따라 도체, 부도체로 나뉜다는 것은 대부분 알고 있으리라. 구리, 철과 같이 전기를 통하는 물질을 **도체**라 부른다. 도체에 전류가 흐르는 이유가 뭘까? 전류는 전하가 움직이는 것이다. 물질에 전류가 흐른다는 것은 전하가 물질 내부를 자유롭게 지나닌다는 뜻이다. 움직이는 전하는 다름 아닌 전자다. 이를 **자유 전자**라 부른다.

하지만 전자는 원자핵 주위를 돌고 있다고 하지 않았나? (물론 궤도 같은 것을 돈다는 개념은 아니다!) 어떻게 전자가 물질 내부를 마음대로 돌아다닐 수 있을까? 도체의 경우 양자 역학은 수많은 원자를 아우르는 중첩 상태 같은 것이 생긴다고 이야기한다. 이것을 **전도띠** 혹은 **전도대**라고 부른다. 전자가 물질 전체에 동시에 있을 수 있다는 말은 자유롭다는 뜻이다.

실제는 다소 복잡하다. 원자들이 가까워져서 고체를 형성하면 각 원자가 가진 에너지 상태들이 서로 중첩되며 새로운 에너지 상태를 형성한다. 앞서 말한 대로 전자가 이 상태에 있으면 고체 전체에 걸쳐 퍼져 존재한다. 이런 상태들의 에너지는 촘촘한 간격으로 되어 있어, 에너지를 크기순으로 쌓아 놓으면 마치 책을 옆에서 보았을 때 종이들이 쌓인 것처럼 보인다. 종이 한 장 한 장이 하나의 상태에 해당한다. 고체의 전체 에너지 구조는 책이 일정한 간격을 두고 여러 권 놓여 있는 것이랑 비슷하다. 책으로 묶인 상태들을 **띠**(band), 책과 책 사이의 간격을 **띠틈**(band gap)이라 부른다. 띄엄띄엄한 양자 역학의 특성이 띠틈에 나타나 있는 것이다. 띠는 상태들이 촘촘하게 모인 것인데, 한 띠 내에서 상태의 수는 유한하다.

이제 모든 전자를 파울리의 배타 원리에 따라 낮은 에너지부터 차곡차곡 띠의 상태들에 넣으면 고체의 바닥 상태가 얻어진다. 이때 띠가 가진 가능한 최고 에너지까지 전자가 가득 차면 부도체가 되고, 다 채우지 못하면 도체가 된다. 예를 들어, 전자를 다 채웠더니 3개의 띠가 가득 찼다면 부도체가 된다. 3개의 띠가 가득차고 에너지가 더 큰 네 번째 띠가 절반만 찼다면 도체다. 이 경우 가득 찬 3개의 띠를 충만띠(filled band, valanced band, '충만대'라고도 한다.), 절반만 찬 네 번째 띠를 전도띠라 부른다. 띠를 유리잔으로 비유한다면 물로 가득 찬 유리잔은 충만띠, 일부만 찬 유리잔은 전도띠다.

　　도체는 외부에서 전압을 가했을 때 움직이는 전자가 있어야 한다. 전자가 외부의 자극에 반응해 움직일 수 있어야 한다는 것이다. 띠에 빈 공간이 없다면 전자는 외부에서 무슨 짓을 해도 반응할 수 없다. 이것은 전자가 페르미온이라서 그렇다. 이미 다른 전자로 차 있는 상태로는 갈 수 없는데, 모든 상태가 전자들로 가득 차 있으니 어떤 변화도 일어날 수 없다. 전자가 자유로이 움직이려면 띠에 조금이라도 빈 공간이 있어야 한다는 말이다. 결국 자유 전자라는 것은 물질을 구성하는 수많은 원자들이 만들어 낸 중첩 상태뿐만 아니라 띠의 빈 부분을 통해 구현된다.

　　그렇다면 세상에는 도체와 부도체만 존재할 수 있다. 띠는 가득 차거나 일부 비어 있거나 둘 중의 하나일 테니까. 그렇다면 반만 도체라는 뜻의 반도체는 무엇일까? 부도체 가운데 띠틈이 작은 경우가 있다. 부도체니까 띠는 가득 차 있다. 그런데 앞서 말한 대로 지구상에는 공짜 에너지가 있다. 바로 상온에 해당하는 열에너지와 태양에서 오는 빛에너지다. 이 공짜 에너지들이 띠틈보다 크다면 전자는 띠틈을 뛰어넘어 높은 에너지를 갖는 빈 띠로 도약을 할 수 있다. 3개

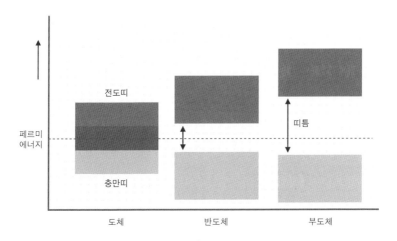

전도띠

페르미
에너지

충만띠

띠틈

도체   반도체   부도체

그림 10.2 고체의 전기 전도도 차이를 설명하는 에너지 띠 모형. 도체는 충만띠와 전도띠 사이의 간극, 즉 띠틈이 없어 전자가 쉽게 전도띠로 진입할 수 있다. 반면 부도체는 띠틈이 커서 전자가 전도띠로 진입할 수 없다. 부도체 중에 띠틈이 작아 조건부로 전자가 전도띠로 진입할 수 있는 물질이 있다. 바로 반도체이다.

의 띠가 가득 찬 부도체의 경우 주변의 열이나 빛을 받아 일부 전자가 네 번째 띠로 이동할 수 있다는 말이다. 그렇다면 네 번째 띠로 이동한 전자는 자유 전자가 될 수 있다. 물론 이런 전자는 그 수가 적을 것이므로 아주 좋은 도체는 될 수 없다. 이것을 **반도체**라고 한다.

트랜지스터에서 컴퓨터까지

1947년 반도체에 불순물을 첨가하는 기술이 개발되자마자 트랜지스터가 탄생한다.[1] 이 공로로 윌리엄 쇼클리, 존 바딘, 월터 브래튼은 1956년 노벨 물리학상을 수상한다. 트랜지스터는 전기 신호를 증폭하거나 전류의 흐름을 제어하는 스위치 기능을 한다. 트랜지스터 야말로 전자 문명을 일으킨 20세기 최고의 발명품이다.

트랜지스터 개발 당시 바딘과 브래튼은 벨 연구소 쇼클리 그룹의 일원이었다. 쇼클리는 괴팍한 사람으로 유명하다. 트랜지스터로 유명세를 타게 되자 바딘과 브래튼을 추가 연구에서 제외시킨다. 바딘은 사직했고, 브래튼은 쇼클리와 일하기를 거부한다. (바딘은 훗날 초전도 이론 연구로 두 번째 노벨 물리학상을 수상한다.) 이후 쇼클리는 캘리포니아 공과 대학을 거쳐 반도체 회사로 자리를 옮긴다. 벨 연구소의 이전 동료들을 데리고 가려 했지만 아무도 따라가지 않았다고 한다. 새로운 회사에 간 지 3년 만에 쇼클리 밑에 있던 연구원 8명이 떠나게 되는데, 이 가운데는 나중에 인텔 사를 차린 로버트 노이스와 고든 무어도 있었다. 쇼클리의 인간적인 면에 대해 나쁜 평가가 많다. 하지만 실리콘 밸리에 실리콘을 가져온 사람이 바로 쇼클리다.

트랜지스터가 할 수 있는 일 가운데 하나가 바로 스위치다. 트랜지스터는 3개의 단자를 가지고 있다. 각 단자는 불순물 첨가 반도체와 연결된다. 이 가운데 소스와 드레인이라 불리는 두 단자를 통해 전류가 흐른다. 세 번째 단자는 게이트라고 불리는데, 바로 문을 여닫는 역할을 하기 때문이다. 게이트에 전압을 걸어 주면 소스와 드레인 사이에 전류가 흐를 수 있다고 보면 된다. 무슨 일이 일어나는지 정확히 알려면 전자의 띠 구조를 살펴봐야 하지만 여기서는 이 정도로 마치겠다.

지금 컴퓨터에 사용하는 트랜지스터는 쇼클리, 바딘, 브래튼이 만든 트랜지스터와 그 구조가 다르다. MOSFET(금속 산화물 반도체 전계 효과 트랜지스터)라 불리는 것인데, 한국계 미국인 강대원 박사(1931~1992년)에 의해 개발되었다. 트랜지스터 개발과 반도체 집적 회로에 각각 노벨상이 수여되었다는 점을 고려해 보면 강대원 박사 역시 노벨상에 가장 근접했던 한국인이라 볼 수 있다. 우리나라에서 강대원 박사는 그리 알려져 있지 않지만, 메모리 반도체 분야를 석권한 대한민국의 저력이 그에게서 비롯되었는지도 모를 일이다.

트랜지스터가 왜 중요할까? 컴퓨터는 명령을 입력받아 처리하고 그 결과를 출력하는 기계다. 입력받은 명령을 저장하고 명령을 논리적으로 처리하는 모든 과정에서 트랜지스터가 핵심적 역할을 한다. 컴퓨터가 처리하는 것은 정보다. 정보에는 여러 가지가 있다. 문서 작업을 한다면 키보드로 치는 문자들이 정보다. 사진을 찍으면 화상이 정보다. 화상을 모은 것이 동영상이니 이들은 같은 종류로 봐도 무방하다. 음악 같은 것은 소리가 정보다. 이 모든 것들은 디지털 신호로 표현 가능하다. 디지털이란 0과 1을 말한다. 어떻게 0과 1로 모든 정보를 나타낼 수 있을까?

예를 들어 사진을 생각해 보자. 컴퓨터 화면을 자세히 보면 무수히 많은 화소(픽셀)로 이루어져 있다. 화소가 많을수록 해상도가 높아져서 더욱 진짜같이 보인다. 내 노트북을 보니 모니터 해상도가 1,366×768화소라고 되어 있다. 화소가 가로 1,366개, 세로 768개 해서 모두 1,049,088개로 되어 있다는 것이다. 각 화소는 붉은색, 초록색, 파란색 가운데 하나의 색을 낼 수 있다. 이들은 빛의 삼원색인데 이들의 조합으로 무슨 색이든 만들 수 있다. 각 화소의 입장에서는 붉은색이 켜지거나 꺼지거나 또는 파란색이 켜지거나 꺼지거나 할 뿐이다. 켜진 것을 1, 꺼진 것을 0이라 하면 디지털로 표현하는 것이다. 이런 식으로 화면의 모든 화소의 색이 정해지는데, 결국 점묘화처럼 색색의 점들이 모여 하나의 그림을 만드는 것이다. 결국 우리가 컴퓨터 스크린에서 보는 모든 것은 0과 1의 디지털 신호로 컴퓨터 메모리에 존재해야 한다.

메모리의 정보 저장 장소는 축전기라 불리는 도체다. 여기에 전자가 들어 있으면 1, 없으면 0이다. 그렇다면 어떻게 전자를 축전기에 넣거나 뺄 수 있을까? 바로 여기에 트랜지스터를 사용한다. MOSFET의 게이트에 전압을 걸면 소스-드레인 사이에 전류가 흐른다. 게이트 전압을 제어하여 원하는 위치의 축전기에 전하를 저장하거나 저장된 전하를 확인할 수 있다. 즉 메모리에 정보를 저장하거나 읽을 수 있다는 말이다.

8기가바이트의 메모리가 있다는 말은 80억 개의 트랜지스터와 축전기가 있다는 뜻이다. 2016년 10월 삼성 전자가 세계 최초로 만들었다는 8기가바이트 디램은 손톱만한 칩 위에 80억 개의 트랜지스터와 축전기를 욱여넣은 것이다. 뿐만 아니라 MOSFET 세 단자의 특성을 잘 이용하면 0, 1로 이루어진 정보들의 논리적 연산도 모두 수행할 수 있다. 결국 정보 저장과 처리의 핵심에 트랜지스터가 있는 것이다. 이처럼 스마트폰, 텔레비전, 네비게이터 같은 모든 전자 장치는 반도체의 양자 역학적 특성이 없다면 작동하지 않는다.

1920년대 양자 역학의 개발로 화학에 혁명이 일어났고, 이는 생화학의 혁명으로 이어진다. 1944년 양자 역학의 창시자 슈뢰딩거는『생명이란 무엇인가?』라는 책에서 생명도 원자/분자 수준에서 이해될 수 있어야 한다고 강조한다. 유전 정보를 매개하는 물질이 있고 그것을 물리·화학적으로 이해할 수 있다는 이 책의 주장은 많은 이들에게 영감을 준다. 1953년 제임스 왓슨과 프랜시스 크릭은 유전 정보를 전달하는 물질인 DNA의 분자 구조를 밝히게 되고, 이로써 분자 수준에서 생명을 탐구하는 첨단 생명 과학이 탄생한다.

양자 역학은 이해하기 힘들다. 그 해석에는 여전히 논란도 있다. 하지만 우리는 이미 양자 역학 없이는 살 수 없다.

CHAOS

QUANTUM

11장 양자 역학에 카오스는 없다

"뉴턴은 미래를 완벽하게 예측하는 우주의 법칙을 알아냈지만, 아침에 우산을 가져가야 할지 결정하기는 쉽지 않았을 겁니다." 비평형계에 대한 연구로 1977년 노벨 화학상을 수상한 일리야 프리고진은 이렇게 강연을 시작하고는 했다. 고전 역학의 결정론은 분명 미래가 결정되어 있다고 이야기한다. 모든 것들의 초기 조건을 알고 있다면 미래를 완벽하게 내다보는 것이 가능해야 한다. 이처럼 과거와 미래를 꿰뚫어 볼 수 있는 가상의 존재를 '라플라스의 악마'라고 부른다. 하지만 현대의 고성능 슈퍼 컴퓨터를 사용하더라도 올 크리스마스에 눈이 내릴지는 고사하고, 며칠 뒤 태풍이 어디를 지날지조차 알 수 없다. 카오스 때문이다. 천하의 뉴턴도 변덕스러운 영국의 날씨를 예측하는 것은 불가능했다.

양자 역학 이야기를 하다가 웬 카오스냐고 의아해 할 독자들도 있겠다. 양자 역학은 원자 같은 미시 세계를 설명하는 이론이지만, 거시 세계에도 적용된다. 아니, 돼야만 한다. 왜냐하면 물리학에서 새롭고 일반적인 이론은 기존 이론을 포함해야 하기 때문이다. 특수 상대성 이론은 빛의 속도에 가깝게 움직이는 물체의 운동을 설명한다. 그런 속도가 되면 시간이 느리게 가고 길이가 짧아진다. 하지만 속도가 그렇게 빠르지 않다면 뉴턴 역학의 결과와 같아야만 한다. 그렇지 않다면 뉴턴 역학은 진즉에 폐기되었어야 한다. 이런 점에서 과학 혁명이라는 말을 과거와의 단절로만 보는 것은 위험하다.

양자 역학은 어떨까. 양자 역학에서 위치와 운동량을 동시에 알 수 없고, 결과에 대한 확률만 알 수 있다. 게다가 한 물체가 동시에 여러 가지 상태를 가질 수 있다. 이런 양자 역학이 고전 역학과 매끄럽게 연결될 수 있을까? 양자 역학 창시자들의 대답은 "물론!"이었다.

양자 역학을 거시 세계에 적용했을 때, 고전 역학으로 환원된다는 것을 **대응 원리**(correspondence principle)라고 한다. 대응 원리에 따르면 양자 역학은 고전 역학을 포함하는 더 일반적인 이론이다. 따라서 원칙적으로 고전 역학의 모든 것을 양자 역학으로 설명할 수 있어야 한다. 하지만 이것은 결코 단순한 문제가 아니었다. 카오스가 고전 역학에만 존재하고 양자 역학에는 없는 것처럼 보였기 때문이다.

카오스의 핵심 원리가 알려진 것은 1960~1970년대 MIT의 기상학자인 에드워드 로런츠 등이 대기의 대류 현상을 모형화하는 과정에서였다. 양자 역학이 확립된 지 40여 년이나 지난 후였다. 대응 원리가 옳다면 양자 역학에서도 카오스를 볼 수 있어야 한다. 카오스라는 새로운 현상이 발견된 직후, 당연히 물리학자들은 '양자 카오스'를 생각했다. 카오스는 초기 조건에 민감한 계다. 일반 대중에게 나비 효과로 널리 알려져 있는 현상이다. 베이징에서 나비가 날개를 펄럭인 결과로 뉴욕에 허리케인이 올 수도 있다는 이야기다. 그렇다고 허리케인을 막기 위해 베이징의 나비를 다 잡아 버릴 생각은 마시라. 파리의 날갯짓 때문에 허리케인이 생길 수도 있다!

어쨌든 카오스가 초기 조건에 민감한 데는 두 가지 원인이 있다. **비선형**(非線型)이라는 성질과 **프랙털**(fractal) 구조다. 지금부터 하나씩 살펴보자.[1]

비선형과 프랙털

비선형이란 문자 그대로 선형이 아니라는 말이다. 선형이란 출력이 입력에 비례하는 것을 말한다. 수학으로 표현하면 $y = ax$ 와 같이 되는데, x는 입력이고 y는 출력이다. 이것을 그래프로 그리면 직선이 된다. 예를 들어 입력 크기를 2배로 키웠을 때 출력도 2배 커지는 것이다.

대표적인 예로 용수철을 들 수 있다. 용수철은 늘어난 길이에 비례해서 복원력의 크기가 커진다. 하지만 용수철을 심하게 잡아당기면 복원력이 예상보다 작아진다. 물론 더 당기면 용수철에 변형이 생겨 원래대로 돌아가지 못하거나, 아예 끊어져 버릴 수도 있다. 일반적으로 용수철도 비선형이라는 뜻이다. 이런 점에서 거의 대부분의 자연 현상이 비선형적이다.

따라서 비선형이란 단어는 잘못된 표현이다. 동물원의 모든 동물들을 '비(非)코뿔소'라고 부르는 것이다. 비선형계라고 모두 카오스인 것은 아니지만, 선형계에서는 카오스가 절대로 일어나지 않는다. 왜냐하면 선형계는 언제나 예측 가능한 행동만 한다는 것이 수학적으로 증명되어 있기 때문이다.

예측 가능하다는 말이 무슨 뜻일까? 대학 입시 물리학 시험지에는 이런 문제들이 등장한다. 이러저러한 상황이 주어져 있을 때, 5초 후 물체의 위치는? 이런 질문에 답할 수 있다는 것은 물리가 예측 가능성을 가진다는 말이다. 이렇게 미래에 대해 정확한 답이 존재하는 문제는 대부분 선형계라 보면 된다. 독자 대부분은 물리학 시험에서 이런 상황만 봐 왔을 것이다. 실제로 이렇게 푼 결과와 실험 결과는 똑같지 않다. 예상치 못한 작은 실수나 오차가 있기 때문이다. 하지만 결과가 예상한 답과 크게 다르지는 않다. 그래서 우리는 야구를 할 수 있다. 공을 던지면 정확히는 모르지만 대충 예상한 곳에 공이 떨어지기 때문이다. 하지만 비선형계의 경우는 다르다.

소용돌이에 휘말려 날아다니는 건물 잔해를 보면 어디로 갈지 전혀 예측할 수 없다. 나란히 놓여 있던 책상과 의자가 각각 수십 킬로미터 떨어져 발견될 수도 있다. 처음에 아주 가까이 있었지만 나중에는 상상도 할 수 없이 멀어질 수 있다는 말이다. 즉 예상치 못한 작은 실수나 오차가 있을 때 결과에 엄청난 차이를 초래한다. 소용돌이가 카오스의 아주 좋은 예는 아니지만, 비선형 현상임에는 틀림없다.

카오스계의 가장 중요한 특성은 이처럼 초기 조건에 매우 민감하다는 것이다. 이 경우 미래를 정확히 예측하는 것이 '실제적으로' 대단히 어렵다. 앞서 이야기한 예측 가능성은 이런 맥락에서 사용된 용어다. 이런 이유로 대부분의 교과서는 '선형' 미분 방정식만 다룬다. 적어도 학부 과정에서 비선형은 재앙의 다른 이름이다.

양자 역학은 그 자체로 선형적이다. 따라서 카오스가 절대로 일어날 수 없다. 양자 역학을 기술하는 슈뢰딩거 방정식은 '선형' 미분 방정식이다. 이 경우 언제나 행렬식으로 표현할 수 있다. 이 말을 꼭 이해하려고 노력할 필요는 없다. 다만, 선형적인 계를 다루는 수학을 '선형 대수학'이라 하는데, 이것이 행렬로 기술된다는 것을 아는 것으로 충분하다. 하이젠베르크가 만든 양자 역학이 행렬 역학이었음이 기억나는가? 양자 역학은 그 수학적 구조 자체가 선형적이라는 말이다.

이렇게 비유를 들어보면 어떨까. 인간은 붉은색, 초록색, 파란색의 세 가지 색만 볼 수 있다. 자외선은 보지 못한다. 자외선으로만 보이는 현상은 인간의 눈으로 결코 알 수 없다. 마찬가지로 양자 역학의 눈으로는 비선형 현상을 볼 수 없다. 하이젠베르크가 발견한 행렬 역학은 행렬로 된 것이니까 그 자체로 선형적이다. 전자가 2개의 구멍을 동시에 지날 수 있는 것도 수학적으로는 두 경로의 '선형' 중첩으로 기술된다. 만약 양자 역학에 조금이라도 비선형성이 있다면, 2개의 중첩 상태에서 하나의 상태로 귀결되는 일이 저절로 일어날 수 있다. 그렇다면 측정을 통해서만 상태가 결정되는 양자 역학의 기괴한 가정(양자 측정 문제)이 필요 없을 수 있다.

1979년 노벨 물리학상 수상자인 스티븐 와인버그는 1989년 《피지컬 리뷰 레터스》라는 저널에 논문을 게재하며 이런 질문을 던졌다. "슈뢰딩거 방정식에 아주 작은 크기의 비선형 항이 존재하는 것은 아닐까?"[2] 비선형 항이 있더라도 너무 작아서 아직 실험적으로 발견하지 못할 수 있다는 것이다. 이런 비선형 항이 있다면 그 지긋지긋한 양자 측정 문제가 해결될 수 있으니까.

이에 대해 아서 페레스라는 물리학자는 재미있는 답변을 제시했다. 만약 양자 역학이 비선형이라면 열역학 제2법칙이 깨진다. 더구나 어떤 이론에 따르면 양자 역학의 비선형성은 빛보다 빠른 통신도 가능하게 한다. 빈대 잡으려다 초가삼간 태운다더니, 양자 측정 문제 해결하려다 다른 물리 법칙을 날릴 판이라는 것이다.[3] 아무튼 다수의 물리학자는 양자 역학에 비선형성은 없다고 생각한다. 그렇다면 양자 역학에 카오스는 존재할 수 없다.

카오스에 존재하는 **프랙털** 구조도 양자 역학에게 큰 장애물이다. 고전 역학에서 가장 중요한 물리량은 위치와 속도다. 뉴턴의 운동 법칙 $F = ma$는 매 순간 위치와 속도를 결정해 줄 뿐이다. 달리 말하면 어느 한 순간 운동의 상태는 위치와 속도로 완전히 기술된다는 뜻이다. 위치와 속도 혹은 위치와 운동량으로 이루어진 좌표계를 **위상 공간**(phase space)이라 한다. 운동량은 속도에 질량을 곱한 것이니 속도

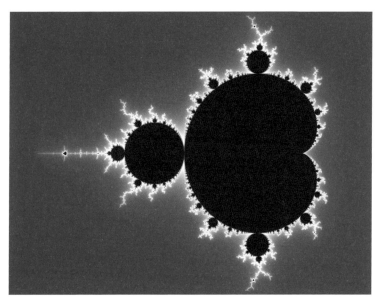

그림 11.1 프랙털 구조를 보이는 망델브로 집합. 전체 구조가 다시 자신의 일부분을 구성하고 있다. 그래서 아무리 확대해도 항상 똑같은 구조를 보인다.

와 같다고 보면 된다. 위상 공간은 물체의 운동을 도형으로 표현하게 해 준다. 예를 들어 용수철에서 진동하는 1차원 진자의 운동은 위상 공간에서 타원으로 표현된다.[4] 이처럼 선형계의 운동은 위상 공간에서 단순한 도형을 이룬다. 하지만 카오스를 보이는 계는 위상 공간에서 프랙털 구조를 갖는다.

프랙털 구조란 아무리 확대해도 자신의 모습이 반복되는 기하학적 구조를 말한다. 벼룩의 등에 작은 벼룩이 앉아 피를 빨고, 또 그 벼룩의 등에 더 작은 벼룩이 앉아 피를 빨고, 또 ……. 이게 프랙털이다. 따라서 카오스의 동역학적 궤적은 아무리 확대해서 자세히 보아도, 같은 패턴이 반복되면서 그 구조를 자세히 알기 힘들 정도로 복잡하다. (대표적인 것이 그림 11.1의 망델브로 집합이다.)

양자 역학에서는 위치와 운동량을 동시에 아는 것 자체가 불가능하다. 하이젠베르크의 불확정성 원리 때문이다. 이 원리에 따르면 위치와 운동량의 부정확도의 곱이 플랑크 상수 정도보다 커야 한다. 양자 역학은 위상 공간에서 플랑크 상수의 크기까지만 확대하는 것을 허용한다는 이야기다. 즉 작아질 수 있는 크기에 근본적인 제약이 있다. 프랙털은 무한히 확대될 수 있음을 전제하므로 무한히 작은 크기를 가정하고 있다. 따라서 애초부터 양자 역학에 프랙털이 설 자리는 없다.

양자 역학에 카오스는 없다!

양자 역학에는 비선형성도 없고 프랙털 구조도 없다. 양자 역학에는 원리적으로 카오스가 존재할 수 없다는 말이다. 대응 원리가 틀린 것일까, 아니면 카오스란 실제로는 존재하지 않는 신기루일까? 만약 플랑크 상수가 0이라면 불확정성 원리에서 위치와 운동량의 부정확도의 곱이 0이니까 위치나 운동량, 혹은 둘 다 정확히 아는 것이 가능하다. 이것은 고전 역학의 상황이다. 따라서 플랑크 상수를 0으로 점차 줄여 가면 양자 역학에서 고전 역학으로 접근해 가는 것이라고 생각할 수 있다.

밝혀진 바에 따르면 플랑크 상수가 작아질수록 양자계가 카오스와 '비슷한' 행동을 하게 된다. 비슷하다는 것이지 엄밀한 의미에서 카오스는 아니다. 플랑크 상수가 정확히 0이 아닌 이상, 위상 공간에 프랙털이 결코 존재할 수 없기 때문이다. 이런 관점에서 본다면 카오스는 실제 존재하지 않는 신기루 같은 것이라 할 수 있다.

어떤 물리학자들은 플랑크 상수가 0으로 접근하는 것만으로 고전 역학에 도달할 수 없다고 주장한다. 0으로 접근하는 것과 0인 것은 다르다. 0은 분모가 될 수 없지만 아무 작은 수라도 0만 아니라면 분모에 들어갈 수 있는 것과 비슷하다. 0이 될 때 뭔가 불연속적인 일이 일어나기 때문이다. 플랑크 상수가 0으로 접근하지만 0이 아니라면 결국 양자 역학이라는 말이다.

그렇다면 양자 역학에서 고전 역학으로 가는 길은 무엇일까?

이미 앞에서 수없이 한 이야기다. 측정, 그러니까 결어긋남이 있어야 거시 세계, 즉 고전 역학으로 환원된다. 이것은 카오스의 다른 요구 조건인 비선형성의 관점에서 이해할 수도 있다. 양자 역학에 플랑크 상수를 0이라 넣은들 선형 방정식이 비선형 방정식으로 바뀌는 것은 아니기 때문이다. 결국 카오스에 있어서 대응 원리가 맞는지 다시 생각해 봐야 한다. 카오스는 양자 역학으로 설명할 수 없는 아킬레스건일지도 모른다. 양자 카오스가 존재하는지에 대해 모두가 동의하는 답은 아직 없다.

카오스가 진짜 존재하느냐는 논쟁이 다소 사변적인 이슈로 보일 수 있겠다. 하지만 이것은 실질적으로도 중요한 문제다. 미시 세계는 양자 역학, 거시 세계는 고전 역학으로 기술된다고 했다. 그 중간의 세계는 어떻게 기술해야 할까. 대충 크기로 후려쳐서 이야기하자면 원자 몇 개는 미시 세계, 원자 수십억 개면 거시 세계니까, 원자 수백 개에서 1만 개 정도에 해당하는 중간 영역 말이다. 이런 계를 **중시계**(mesoscopic system)라고 부른다.

중시계는 양자 역학으로 다루기에는 너무 크고 고전 역학으로 다루기는 너무 작다. 아이도 어른도 아닌 청소년이라고 할까? 요즘은 나노가 대세다. 하지만 나노미터 크기의 세계를 마음대로 다룰 수 없었던 1970~1980년대, 중시계는 양자 물리학의 근본 질문을 시험할 수 있는 중요한 실험 무대였다. 중시계는 양자 역학과 고전 역학 모두를 고려해야 하는 영역이지만, 적어도 카오스에 대해 두 방법이 극명하게 다른 답을 주니까 골치 아픈 것이다.

앤더슨 국소화

도체 내에서 움직이는 자유 전자를 생각해 보자. 양자 역학의 띠 이론이 자유 전자의 존재를 설명한다는 것은 이미 앞에서 설명했다. 자유 전자라고 했지만, 사실 전자는 고체 내에서 완전히 자유롭지만은 않다. 띠 이론을 만들 때 가정했던 고체의 주기적 구조가 완벽하지 않을 수 있기 때문이다.

구조의 주기성을 깨는 요인에는 크게 두 가지가 있다. 우선 불순물이다. 일정한 간격으로 늘어선 군인들을 생각해 보라. 여기 하얀 원피스를 입은 여성이 한 명 있다면 규칙성이 깨진다. 안타깝게도(?) 이 경우 여성이 불순물이다. 두 번째 요인은 온도다. 여성이 없더라도 열을 맞추어 서 있던 군인들이 춤을 추기 시작하면 주기성이 깨어진다. 고체를 이루는 원자들은 원래 가만히 있지 못한다. 공기 중의 분자들이 끊임없이 움직이듯이 결정 구조를 이루는 원자들도 가만히 있지 못하고 제자리에서 진동한다. 온도가 높아지면 이 진동이 커진다. 주기성이 더 많이 깨진다는 말이다. 주기성이 깨어질수록 전자는 자유롭게 움직이기 힘들어지고 이것은 전기 저항이라는 현상으로 나타난다. 불순물과 온도로 인한 진동, 도체에서 전기 저항이 일어나는 두 가지 원인이다.

따라서 고체에 불순물이 하나도 없고 온도가 절대 영도가 되어 원자들이 전혀 진동하지 않는다면 저항은 사라진다. 사실 온도에 따른 저항이 존재할 때, 전자는 양자 역학적으로 행동하기 힘들다. 무작위로 진동하는 원자들이 전자의 운동을 교란하게 되는데, 이것이 결어긋남을 일으키기 때문이다. 따라서 전자는 야구공과 같은 입자로 행동하게 된다. 그렇다면 이제 전자는 원자의 진동이나 불순물과 부딪히며 카오스적으로 운동하게 되는데, 이 운동은 물에 떨어진 잉크 방울이 확산하는 것과 비슷하다. 만약 온도가 충분히 낮아서 양자 역학적 효과를 고려해야 하면 새로운 현상이 일어날 수 있다. 전자가 카오스적으로 운동해서 확산이 일어난다고 했는데 양자 역학에는 원칙적으로 카오스가 없기 때문이다.

이 경우 전자는 카오스적으로 운동하기를 멈춘다. 아니 카오스적으로 운동할 수 없다. 즉 확산하지 못하고 공간적으로 갇혀 버린다는 뜻이다. 갇힌 전자는 공간 이동의 자유를 잃어버린 것이니 더 이상 자유 전자가 될 수 없다. 자유 전자가 없으면 도체가 아니다. 결국 원래 도체였던 금속이 부도체로 바뀌게 된다. 이를 **앤더슨 국소화**(Anderson localization)라고 하는데, 이 이론으로 앤더슨은 1982년 노벨 물리학상을 수상했다. 물론 아무 금속이나 이런 성질을 보이는 것은 아니다. 낮은 온도에서도 카오스적 운동이 일어나기 위해서는 온도에 상관없는 카오스의 원인, 즉 불순물이 충분히 있어야 한다. 불순물이 많아서 주기성이 깨진 고체를 비정질(amorphus)이라고 부른다. 앤더슨 국소화 이론은 비정질 금속이 고온에서는 도체이다가 저온에서 부도체가 되는 현상을 설명해 준다.

중시 물리학의 세계

중시계의 관심사는 카오스에 국한되지 않는다. 고체의 크기가 작아짐에 따라 나타나는 모든 양자 역학적 효과가 그 대상이라고 할 수 있다. 우리가 일상에서 사용하는 모든 전기/전자 기기가 작동하려면 전류가 흘러야 한다. 전류의 흐름에 전기료를 부과하는 이유다. 따라서 도체에 흐르는 전류의 특성을 이해하는 것은 산업적으로 매우 중요하다.

도체에 흐르는 전류의 세기와 그 도체의 저항을 곱하면 전압이 얻어진다. 이를 옴의 법칙이라 부른다. 수식으로 나타내면 $V = IR$이 되는데, 중·고등학생들에게는 $F = ma$만큼이나 유명한 공식이다. 옴의 법칙은 전압(V)이 커지면 전류(I)도 비례하여 커진다고 말해 준다. 그 비례 상수가 저항(R)이다. 이것은 얼마나 보편적인 법칙일까?

도체의 크기가 아주 작아지면 옴의 법칙이 더 이상 성립하지 않는다. 전압에 따라 전류가 불연속적으로 변하기 때문이다. 옴의 법칙에 따르면, 전압을 2배로 크게 하면 전류도 2배로 커져야 한다. 하지만 도체가 아주 작아지면 전압을 아무리 크게 해도 전류가 변하지 않는다. 그러다가 전압이 어느 특정한 값을 넘는 순간 전류가 갑자기 2배로 커지게 된다. 이것을 어려운 말로 '전기 전도도 양자화(conductance quantization)'라고 부른다.

눈치 빠른 독자는 알겠지만, '불연속'은 양자 역학의 트레이드

마크다. 불연속적인 현상은 대개 양자적인 이유가 있다는 말이다. 옴의 법칙은 당구공같이 움직이는 고전 역학적 전자에게나 적용되는 특성인 것이다.

또 강한 자기장에 놓인 전자의 전기 전도도는 외부에서 가해준 자기장의 크기에 따라 역시 불연속적으로 변하는데, 이를 '양자 홀 효과(quantum Hall effect)'라고 한다. 강한 자기장과 전자가 결합하여 새로운 양자 상태가 형성되었기 때문이다. 어려운 내용이라 더 설명하지 않고, 1985년에는 클라우스 폰 클리칭이, 1998년에는 로버트 로플린, 호르스트 슈퇴르머, 대니얼 추이 세 사람이 이 연구로 노벨 물리학상을 수상했다는 것만 말해 두겠다. 로플린은 2004년부터 2년간 카이스트의 총장을 맡기도 하여 우리에게도 친숙한 과학자다.

법칙이 있다고 해서 미래를 항상 예측할 수 있는 것은 아니다. 바로 카오스 때문이다. 올 여름 태풍이 언제 올지 알려면 나비 한 마리의 움직임까지 조사해야 하니 말이다. 하지만 이것은 원리적으로 예측할 수 없는 것이 아니라 너무 힘들어서 못 하는 것이다. 만약 당신이 나비는 물론 파리, 모기, 아니 세상에 존재하는 모든 곤충, 더 나아가 세상의 모든 입자의 운동을 다 조사할 수 있다면 예측 가능할지도 모른다.

그렇다고 지금부터 곤충들의 운동을 조사하러 다닐 생각은 추호도 하지 말라고 조언하고 싶다. 어차피 양자 역학에는 카오스가 없기 때문이다. 그러나 이게 올 여름 태풍이 언제 올지 알 수 있다는 뜻은 아니다. 양자 역학에는 보다 본질적인 불확실성이 있다. 오직 확률

밖에 알 수 없다. 우주의 불확실성은 고전 역학, 양자 역학 모두에 내재되어 있는 셈이다. 신은 자연에 법칙을 주었지만, 어쩐 일인지 예측할 수 없도록 만들어 놓았다고 할까.

12장 세상에서 가장 강력한 양자 컴퓨터

영화 「터미네이터」에서는 기계가 인간에 대항하여 전쟁을 벌인다. 기계들의 목적은 오로지 인간을 절멸시키는 것이다. 이 영화가 개봉된 1984년만 해도 그냥 잘 만든 SF 영화라고 생각했다. 하지만 지금 이 영화를 보고 나서 컴퓨터를 쳐다보면 뭔가 오싹한 느낌이 들지도 모르겠다. 기계 지능이 인간과 구분 가능한지를 시험하는 '튜링 테스트'라는 용어가 상식이 된 세상이다. 과연 컴퓨터의 미래는 어떤 모습일까? 앞에서 양자 역학이 없으면 컴퓨터도 없다고 말했다. 이때의 컴퓨터란 엄밀히 말하면 컴퓨터 하드웨어다. 이제 양자 역학은 컴퓨터에 새로운 혁명을 일으키고 있다. '소프트웨어'에서 말이다.

컴퓨터란 무엇일까?

컴퓨터란 무엇일까? 컴퓨터로 무얼 할 수 있는지 설명할 수는 있어도, 내부에서 무슨 일이 일어나고 있는지 설명하기는 쉽지 않다. 그걸 몰라도 컴퓨터를 사용하는 데 아무 지장이 없음은 물론이다. 컴퓨터는 말 그대로 '컴퓨트(compute, 계산)하는 것'이다. 계산기란 말이다. 컴퓨터가 계산기라는 데 동의 못할 사람도 있겠다. 컴퓨터로는 동영상을 볼 수 있고, 음악도 들을 수 있고, 게임도 할 수 있지 않은가? 이런 만능 기계를 계산기라고 부르는 것은 컴퓨터에 대한 모독 아닌가! 글쎄, 사실 이 모든 것들이 계산에 불과하다면 놀랄 사람이 있을지도 모르겠다.

음악 듣는 것을 생각해 보자. 음악은 소리의 일종이다. 소리라는 것은 공기의 진동, 정확히는 공기 밀도의 진동이다. 밀도를 시간의 함수로 기록하면 소리를 기록하는 셈이다. 음악을 밀도라는 물리량, 즉 숫자로 표현한 셈이다. 이 숫자들을 적절한 규칙에 따라 저장하면 MP3 파일이 된다. 이 파일을 마우스로 클릭하면 저장된 숫자들을 스피커의 전류로 바꾸어 주는 명령이 실행된다. 이제 음악이 들린다. 음악만이 아니다. 동영상을 보든, 냉장고의 온도를 낮추든, 모두 빛이나 열과 관련된 물리 현상일 뿐이다. 모든 물리 현상은 숫자를 써서 언제나 정량적으로 표현할 수 있다. 그다음은 소리에서 했던 이야기를 반복하면 된다.

컴퓨터는 내가 내린 명령을 수행한다. 문자를 지우거나 파일을 복사한다는 말이다. 모든 명령은 언어로 표현될 수 있고, 모든 언어는 문자, 즉 알파벳으로 표현할 수 있다. 모든 알파벳은 각 문자에 숫자를 하나씩 대응시켜 숫자로 나타낼 수 있다. 영어의 경우 24개의 숫자가 필요하다. A는 65, B는 66, 이런 식으로 말이다. 이것을 ASCII 코드라고 한다. 결국 컴퓨터는 숫자들을 다른 숫자들로 바꾸는 일을 수행할 뿐이다. 이 숫자들은 컴퓨터가 수행해야 할 작업일 수도 있고, 스크린에 보여 줄 그림일 수도 있고, 아름다운 음악일 수도 있다. 모든 것은 숫자다.

피타고라스는 만물이 수라고 생각한 철학자다. 그는 기원전 6세기경 그리스 사모스 섬에 살았다고 전해진다. 우리에게는 피타고라스의 정리를 증명한 것으로 유명하지만, 사실 기이한 종교 교단을 창시한 인물이기도 하다. 그 교단의 규칙을 몇 개 살펴보면 "콩을 먹지 마라. 빵을 쪼개어 나누지 마라. 큰 길로 다니지 마라." 같은 것들이 있다. 암튼 피타고라스의 생각은 수가 음악에서 중요한 역할을 한다는 사실로부터 기원했을 듯하다. 예를 들어 으뜸 화음 '도-미-솔'은 그 주파수의 비가 4:5:6이 된다. 이런 정수들의 비(比)야말로 양자 역학을 이루는 핵심 구조이기도 하다. 음악에 나타나는 비는 악기 내부에 만들어지는 소리의 정상파의 구조에서 기원하는데, 이것은 물질파의 정상파 조건과 수학적으로 동일하다.

데모크리토스의 원자론이 양자 역학의 원자론과 다르듯이 피타고라스의 생각도 지금 우리의 것과는 다르다고 봐야 한다. 하지만 "하늘 아래 완전히 새로운 생각은 없다."는 것을 다시금 느끼게 된다.

이제 '만물이 수'라는 것을 실제로 구현해 보자.

책 읽는 것을 생각해 보라. 사실 책이라는 것은 1차원으로 늘어선 문자들의 기다란 나열이다. 이것을 적당한 길이로 잘라서 2차원으로 배열하면 책의 한 쪽이 된다. 이렇게 만들어진 한 쪽, 한 쪽의 집합이 책이다. 우리가 한 글자씩 읽어서 책 전체를 이해하듯이, 기계도 숫자를 하나씩 순차적으로 받아들여 처리하는 방식이 생각하기 쉽다. 결국 우리가 컴퓨터에 정보를 입력하고 컴퓨터가 그 명령을 수행하여 출력하는 모든 행위는 1차원으로 나열된 수의 배열을 또 다른 수의 배열로 바꾸는 것과 동일하다. 이런 방식의 컴퓨터를 처음 고안한 사람이 컴퓨터의 아버지 앨런 튜링이다.

튜링이 고안한 기계 '튜링 기계(Turing machine)'은 1차원 형태의 테이프에 기록된 0과 1의 수를 입력받아 모든 일을 처리한다. 튜링은 수학적인 모든 조작을 이런 식으로 구현할 수 있다고 보았다. 이런 의미에서 튜링 기계를 '범용 기계(universal machine)'라고 한다. 생명체가 정보를 처리하는 방법도 튜링 기계와 비슷하다. 생명의 정보는 DNA에 들어 있고 그 정보는 단백질을 만드는 매뉴얼이다. DNA에서 단백질을 만들 때 1차원으로 늘어선 DNA의 염기들이 입력이고, 아미노산의 1차원 배열인 단백질이 출력이다. 오리지널 튜링 기계라 할 만하다.

모든 숫자는 이진법으로 표현 가능하므로, 컴퓨터는 0과 1을 처리할 수 있으면 충분하다. 실제 0과 1은 여러 가지 방법으로 구현될 수 있다. 예를 들어, 전자식 컴퓨터는 전압이 5볼트면 1, 0볼트면 0으로 표현한다. 또는 메모리에 전하가 충전되어 있으면 1, 방전되어 전하가 없으면 0으로 정보를 저장한다. 정보는 0 또는 1, 둘 중 하나의 값만을 가질 수 있는데, 이 기본 단위를 **비트**(bit)라고 부른다. 참고로 DNA는 4개의 염기를 사용하므로 4진법을 쓴다.

지금까지 컴퓨터에 대해 이야기한 것을 한 줄로 정리하면 이렇다. 컴퓨터는 입력 비트들을 출력 비트들로 바꾸는 계산기다. 본질적으로 컴퓨터에 대한 논의는 이걸로 다한 셈이다. 나머지는 세부 사항이다. 물론 컴퓨터 게임을 만드는 것은 어마어마한 분량의 세부 사항을 필요로 한다.

양자 컴퓨터

1989년 데이비드 도이치는 양자 역학의 원리에 따라 작동되는 컴퓨터를 제안한다. 사실 도이치는 튜링의 제안을 확장하여 모든 물리적 현상을 범용 기계로 모사할 수 있을 것이라고 생각했다. 튜링은 수학만을 생각했는데, 도이치는 이것을 물리 현상으로 넓힌 것이다. 물리학이 수학에 포함되지 않느냐고 물으실 분도 있을 텐데, 양자 역학 때문에 안 된다. 범용 기계는 양자 역학도 구현해야 하므로 이런 컴퓨터는 양자 컴퓨터가 되어야 한다.

양자 컴퓨터는 고전 컴퓨터와 무엇이 다른가? 양자 역학은 하나의 비트가 동시에 0과 1을 갖는 것을 허용한다. 이것을 **퀀텀 비트**

(quantum bit), 줄여서 **큐비트**(qubit)라 부른다. 하나의 전자가 동시에 2개의 구멍을 지날 수 있는 것과 같은 원리다. 양자 역학의 핵심 원리인 양자 중첩이다. 큐비트에 기반을 둔 양자 정보가 컴퓨터에 어떤 새로운 가능성을 제공할까? 1992년 도이치는 양자 역학이 고전적 정보 처리보다 더 효율적일 수 있음을 증명했다. 도이치가 한 일을 자세히 설명할 수는 없고 맛이나 한번 보자.

어떤 함수 $f(x)$가 있다고 하자. x에 하나의 비트를 입력하여 결과를 알아낼 때마다 10만 원의 사용료를 지불해야 한다. 우리가 풀어야 할 문제는 "$f(0)=f(1)$인가?" 하는 것이다. 고전 정보 이론에 따르면 당신은 최소한 20만 원을 지불해야 답을 알 수 있다. $f(0)$과 $f(1)$의 값을 각각 알아야 하기 때문이다. 하지만 양자 역학에서는 0과 1의 중첩 상태인 큐비트로 물어보는 것이 가능하다. 따라서 10만 원만 지불하면 된다! 이것이 도이치가 제안한 양자 알고리듬의 핵심 개념이다. 이제 남은 돈 10만 원으로 뭘 할지 생각해 봐야겠다.

1994년 피터 쇼어는 양자 소인수 분해 알고리듬이 고전 정보 이론의 경우보다 엄청나게 효율적이라는 사실을 증명한다. 현재 인터넷에서 널리 사용하는 암호화 방법은 소인수 분해가 어렵다는 사실에 기반을 두고 있다. 6을 소인수 분해하면 2 곱하기 3으로 소인수 분해된다. 대체 소인수 분해가 뭐가 어렵냐는 질문이 나올 수도 있겠다. 그렇다면 아래의 수를 보라. 이것은 두 소수의 곱으로 표현된다. 두 수를 찾아보시라.

180708208868740480595165616440590556627810251676940
13491701270214500566625402440483873411275908123033
71781887966563182013214880557.

빠르 포기하는 것이 좋을 것이다. 만약 두 소수가 한눈에 보인다면 빨리 잠적하는 것이 좋다. 전 세계 첩보 부서에서 당신을 찾으려 할 테니까. 만약 소인수 분해를 빨리 할 수 있다면 지금 가장 널리 쓰이고 있는 암호 체계가 무력화될 수 있기 때문이다. 앞의 수는 다음과 같이 소인수 분해되며, RSA-130이란 이름이 붙어 있다.

39685999459597454290161126162883786067576449112810
064832555157243 × 4553449864673597218840368689727440
8864356301263205069600999044599.

쇼어의 양자 소인수 분해 알고리듬이 나온 이후 양자 컴퓨터가 세상의 주목을 받기 시작한다. 이 이후 지난 20년간 양자 컴퓨터는 물리학을 이끌어 온 가장 중요한 동력 가운데 하나였다고 해도 과언이 아니다. 국방부, 정보부 같은 정부 기관과 기업에서조차 많은 관심을 갖고 있다.

양자 컴퓨터의 가장 큰 특징은 중첩 상태를 이용한다는 것이다. 이 때문에 동시 다발적 처리가 가능하다. 그로버가 발견한 양자 검색 알고리듬이 기존의 검색보다 빠른 이유도 한꺼번에 탐색할 수 있기 때문이다. 중첩이 유지되기 위해서는 누누이 이야기했듯이 결어 긋남을 막아야 한다. 측정당하지 말아야 한다는 말이다. 하지만 대개의 경우 결어긋남을 피하기가 아주 어렵다는 것이 양자 컴퓨터의 실현에 가장 큰 걸림돌이다. 아무튼 양자 컴퓨터는 중첩 상태가 유지되는 과정을 통해 연산을 수행하고, 최종적으로 측정하여 결과를 얻는다.

컴퓨터가 수행하는 중요한 연산 가운데 조건 분기라는 것이 있다. 예를 들어 "파일을 삭제할까요?"라는 질문에 대해 대답이 "예."라면 지우고, "아니오."라면 놔두는 작업 같은 것이다. 사실 컴퓨터가 하는 일은 대부분 순차적 작업과 조건 분기의 조합일 뿐이다. 조건 분기를 하려면 우선 대답을 알고, 그 결과에 따라 다른 출력을 내놓을 수 있어야 한다. 양자 컴퓨터에서 미묘한 문제가 생기는 것이 이 지점이다. 대답을 알기 위해서는 측정해야 한다. 하지만 측정을 하면 중첩이 깨진다. 측정하지 않고 분기하는 방법이 필요하다.

앞에서 다룬 EPR 역설, 즉 벨의 상태가 필요한 이유다. 벨의 상태를 컴퓨터의 관점에서 보면, A가 0일 때 B가 1이 되고, A가 1일 때 B가 0이 되는 것이다. A가 예(1), 아니오(0)의 대답이고, B가 지우거나(0) 놔두는(1) 행위를 나타낸다고 생각하면, 대답과 행위를 묶어 놓은 셈이 된다. 여기서 중요한 것은 이것이 중첩되어 동시에 일어난다는 점이다. 벨 상태는 측정하지 않고 조건 분기하는 양자 역학의 해법인 것이다. 결국 슈뢰딩거 고양이의 중첩과 EPR 역설의 얽힘이 양자 컴퓨터를 지탱한다고 볼 수 있다.

양자 컴퓨터는 언제쯤 상용화될까?

우리는 언제쯤 양자 컴퓨터를 인터넷 쇼핑몰에서 주문할 수 있을까? 2001년 IBM의 연구자들은 쇼어의 알고리듬을 사용하여 '15'를 소인수 분해하는 데 성공했다.[1] 15는 3 곱하기 5다. 이를 위해 분자 내에 있는 원자핵 스핀 7개를 이용했다. 7큐비트 양자 컴퓨터인 셈이다. 2012년에는 미국 캘리포니아 대학교 샌타바버라 캠퍼스 연구자들이 초전도체를 이용하여 $15=3\times5$를 보이는 데 성공했다.[2] 물론 3 곱하기 5가 15라는 것은 양자 컴퓨터를 사용하지 않아도 알 수 있다. 2012년에는 중국의 과학자들이 역시 원자핵 스핀을 이용하여 $143=11\times13$을 보이는 데 성공했다.[3]

RSA-130 정도의 수를 소인수 분해하고 싶지만, 그러자면 많은 수의 큐비트가 필요하다. 문제는 큐비트의 개수를 늘리는 것이 기술적으로 쉽지 않다는 것이다. 큐비트가 많아지면 결어긋남을 막기 힘들어지기 때문이다. 고양이로 이중 슬릿 간섭 무늬를 보기 힘든 것과 비슷한 이유다. 사실 이런 이유 때문에 양자 컴퓨터의 실현 가능성에 대해 회의적인 과학자들도 많다.

2011년 D-웨이브 시스템이라는 회사는 128큐비트로 만들어진 양자 컴퓨터 'D-웨이브 1'을 개발했다고 발표했다. 128큐비트는 어마어마한 숫자다. 2012년에는 512큐비트 'D-웨이브 2'가 출시되었다. 2015년 8월에는 1,152큐비트를 갖는 'D-웨이브 2X'까지 나왔다. 급기야 2017년 1월에는 무려 2,048큐비트를 장착한 D-웨이브

2000Q가 출시되었다. 이렇게 큐비트의 숫자를 마구 늘리는 것이 가능한 일일까? 대체 다른 연구자들은 뭘 하고 있었던 걸까? 혹시 D-웨이브가 사기는 아닐까? 놀라운 것은 나사 같은 정부 기관과 구글, 록히드 같은 기업들이 수백억 원을 지불하며 이것을 구매했다는 사실이다.

우선 D-웨이브는 보통의 컴퓨터와 다르다. 우리가 사용하는 보통의 컴퓨터를 범용 컴퓨터라고 한다. 범용 컴퓨터는 많은 종류의 작업을 수행할 수 있다. 우리는 컴퓨터로 문서 작업을 할 수도 있고 동영상을 볼 수도 있고 인터넷 서핑도 할 수 있다. 하지만 D-웨이브는 오직 최적화하는 문제만을 푸는 특수한 기계다. 최적화라는 것은 가장 좋은 조건을 찾는 것이다. 나쁜 정도를 '나쁨 지수'라고 부르자. 최적화는 나쁨 지수가 가장 작아지는 조건을 구하는 것이라 할 수 있다.

D-웨이브의 작동 원리에 대해서 아직 논란이 분분하지만, 비유를 들어 간단히 설명해 보겠다. '그랜드 캐니언'을 생각해 보자. 말 그대로 거대한 계곡이다. 여기서 가장 낮은 지점을 찾으려면 어떻게 해야 할까? 아마도 일일이 찾아다니며 해발 고도를 측정하는 것밖에 방법이 없으리라. 설사 아주 낮은 지점을 하나 찾았더라도 그곳이 가장 낮은 지점이라는 것을 어떻게 알 수 있을까? 계곡 각 지점의 해발 고도를 '나쁨 지수'라고 하면 이것은 앞서 말한 최적화 문제가 된다.

보통의 경우 최적화 문제를 푸는 방법은 이렇다. 처음엔 빠른 속도로 여기저기 뛰어다니며 낮은 위치를 찾는다. 빠른 속도란 높은 온도에 대응된다. 여기서 굳이 '온도'라는 표현을 쓰는 데는 이유가 있다. 온도란 수많은 입자들이 갖는 평균적인 운동 에너지다. 입자들이 전체적으로 빨리 움직일 때 온도가 높다. 중요한 것은 이런 운동은 무작위적이다. 모두가 한 방향으로 움직이거나 하면 안 된다. 무작위적이라는 점을 강조하려고 온도라는 표현을 쓴 것이다. 무작위로 움직이면 가장 낮은 지점을 찾고도 그냥 지나칠 가능성도 있지만, 주변보다 조금 깊을 뿐인 엉뚱한 곳에 빠져 허우적거리는 것을 막을 수 있다. 이제 온도를 서서히 낮춰 가면 얕게 파인 곳은 지나치고 제법 깊은 장소들 근처에 있게 될 확률이 클 것이다. 이렇게 가장 낮은 지점을 찾기 위해 온도를 서서히 낮춰 가기 때문에 '어닐링(annealing)' 혹은 '풀림'이라 부른다. 철을 담금질할 때, 온도를 높였다가 서서히 낮추는 과정을 가리키는 말이다.

D-웨이브는 양자 역학을 써서 이 과정을 더 빨리 할 수 있을까? 회사 관계자에 따르면 D-웨이브는 양자 터널링 현상을 이용한다고 한다. 2개의 우물이 있다고 하자. 한 우물에 빠진 사람은 우물을 올라갈 운동 에너지가 없는 한 이웃 우물로 갈 수 없다. 하지만 양자 역학을 고려하면 하나의 우물에서 다른 우물로 '그냥' 이동하는 것이 가능하다. 마치 두 우물 사이에 터널을 판 것처럼 말이다. 이것을 양자 터널링이라 한다. 그랜드 캐니언 문제에 양자 터널링을 이용한다면 한 장소에서 비슷한 깊이의 다른 지점으로 한 번에 이동하는 것이 가능할 수 있다. 그렇다면 빠른 속도로 문제를 해결할 수 있다.

D-웨이브는 사기업이 개발한 것이다 보니 모든 정보가 공개되지 않는다. 따라서 이것이 정말 양자 컴퓨터인지를 두고 많은 논란이 있다. 2014년 6월 19일 《사이언스》에는 D-웨이브를 대규모로 테

스트한 실험 결과가 발표되었다.[4] 결론은 양자 컴퓨터가 보여야 하는 계산 속도의 획기적 증가가 없다는 것이다. 양자 컴퓨터가 아닐 확률이 높다는 말이다. 하지만 2016년 구글은 D-웨이브 2X를 이용하여 같은 알고리듬을 사용하는 고전 컴퓨터 속도의 1억 배를 얻었다고 보고했으며,[5] 2017년 D-웨이브 사에서는 D-웨이브 2000Q로 가장 빠른 고전 컴퓨터 속도의 2,600배를 얻었다고 주장했다.[6]

학계의 분위기는 D-웨이브에 대해 호의적이지 않다는 것만 말해 두겠다. 그래도 점점 많은 사람들이 D-웨이브가 양자 효과를 보인다는 것만은 인정하는 듯하다. 대부분의 연구자들은 범용 양자 컴퓨터가 실용화되기까지 상당한 시간이 걸릴 것이라 예상하고 있다. 이미 이야기했듯이 D-웨이브는 범용이 아니다. 오직 최적화 문제만 풀 수 있다. D-웨이브가 양자 컴퓨터의 선구자로 역사에 기록될지, 거대한 착각으로 기록될지 궁금하다.

2019년 10월 구글은 양자 컴퓨터를 구현했다며 《네이처》에 논문을 출판했다.[7] 컴퓨터의 이름은 시커모어(Sycamore)로, 54큐비트로 구성되었으나 큐비트 1개는 작동하지 않아서 실제 53큐비트 양자 컴퓨터다. 고전 컴퓨터보다 우월하다는 것을 보이기 위해 특별히 디자인된 (실용성은 별로 없는) 과제를 수행했는데, 고전 컴퓨터로 1만 년 걸릴 문제를 불과 200초 만에 풀어냈다. 사실 53큐비트로 표현할 수 있는 경우의 수는 2^{53}으로 대략 10^{16}, 즉 1경(京) 개에 달한다. 고전 컴퓨터로 구현하려면 1만 테라바이트의 메모리가 필요하다는 말인데, 보통 1기가바이트의 메모리를 갖는 스마트폰의 경우 1000만 개가 필요하다는 뜻이다. 속도도 속도지만 고전 컴퓨터로는 아예 시작부터 상대가 되지 않는다는 말이다.

구글은 시커모어가 양자 역학적으로 작동하고 있다는 것은 논문에서 꼼꼼히 보여 주었고, 학계도 인정할 수 있는 명백한 증거를 제시했다. 시커모어는 D-웨이브와 달리 프로그래밍이 가능한 일종의 범용 컴퓨터다. 양자 컴퓨터의 역사에 진정한 이정표가 세워진 것이다. 물론 53큐비트로는 실용적으로 의미 있는 과제를 수행하기 힘들다. 하지만 그동안 학계에서 10큐비트 정도를 만드는 것도 쉽지 않았던 것을 생각하면, 더구나 큐비트가 많아지면 기하 급수적으로 어려움이 커진다는 것을 생각하면 진정한 도약이라 할 만하다. 2020년 8월 구글은 12큐비트를 이용하여 화학 반응의 양자 시뮬레이션이라는 좀 더 실용적 문제를 풀어 《사이언스》에 논문을 출판했다.[8] 구글에 질세라 IBM과 인텔도 추격의 고삐를 조이고 있다. 이제 양자 컴퓨터는 학계가 아니라 기업이 주도하는 상황이 된 것 같다.

슈뢰딩거 고양이의 중첩과 EPR 역설의 얽힘은 양자 역학이 말도 안 된다는 것을 보여 주려고 제시된 역설이었지만, 이제 우리는 이 괴상한 성질을 이용하여 세상에서 가장 강력한 컴퓨터를 만들어 가고 있다.

13장 다세계 해석: 양자 다중 우주

1957년 4월 미국 프린스턴 대학교에서 휴 에버렛 3세의 박사 학위 논문이 통과되었다. 에버렛은 이 논문에서 양자 역학에 대한 새로운 해석 방법을 제시한다.[1] 논문이 통과되기 1년 전, 그의 지도 교수였던 존 휠러가 보어를 방문하여 에버렛의 논문을 소개했다. 하지만 보어의 반응은 냉담 그 자체였다. 양자 역학을 거부하던 아인슈타인이 세상을 떠난 지 1년밖에 안 된 시점이었다. 양자 역학의 해석에 대한 새로운 논쟁거리 자체가 보어에게는 진저리나는 일이었는지도 모른다. 아무튼 보어의 무시 때문이었을까? 에버렛은 졸업 후 학계를 떠나 군수 회사에 취직해 버린다.

에버렛의 논문은 양자 역학의 해묵은 측정 문제를 다시 들추는 것이었다. 양자 역학의 표준 해석인 '코펜하겐 해석'에서는 운동을 두 단계로 나누어 기술한다. **유니타리**(unitary) **진행**과 **측정**이다.

　용어가 좀 어렵지만, 유니타리 진행이란 물체가 양자 역학이 허용하는 이상한 상태를 모두 가지며 운동하는 것을 말한다. 하나의 전자가 동시에 2개의 구멍을 지나가는 것이 그 좋은 예다. 양자 중첩이라 불리는 기괴한 상태다. 이제 전자가 이어서 3개의 구멍을 지나면 2개의 구멍을 지나는 경우에 3개의 구멍을 지나는 경우까지 합쳐져 모두 6개의 가능한 상태가 중첩된다. 유니타리 진행 과정에서는 이런 식으로 자꾸 중첩이 늘어날 수 있다. 물론 처음에 있던 중첩이 그냥 유지되는 것도 가능하다. 이런 과정은 슈뢰딩거 방정식으로 완벽하게 기술된다. 그다음은 측정인데, 일단 측정을 하면 중첩이 깨어지고 전자는 우리가 이해할 수 있는 결과만을 보여 준다. 즉 한 번에 하나의 구멍만을 지난다. 정확히 말해서 측정을 통해 전자가 지나가는 구멍이 하나로 확정된다.

　전자가 2개의 구멍을 동시에 지날 때 측정하면, 2개의 구멍 각각에 전자가 모두 존재하는 상태로 관측되지 않는다. 아니 결코 그럴 수 없다. 처음 출발할 때는 전자가 하나였는데, 어느 순간 2개가 되면 물리적으로 심각한 문제가 발생한다. 언뜻 생각해 봐도 질량 보존 법칙과 전하량 보존 법칙에 위배된다. 측정해 보면 분명 전자는 어느 하나의 구멍만을 지나야 한다. 그렇다면 전자는 왜 동시에 두 장소에 있다가 측정하면 어느 한 장소에만 있어야 하는가? 측정의 정체는 과연 무엇인가?

　코펜하겐 해석은 측정이 어떻게 수행되는지, 측정을 하면 왜 우리가 이해할 수 있는 결과만 얻어지는지 설명하지 않는다. 다만 이 과정에 '파동 함수의 붕괴'라는 복잡한 이름을 붙였을 뿐이다. 뭐 측정하면 그냥 그렇게 된다는 것이다. 끝!

18세기 미국 남부의 한 백인 소년이 "왜 흑인은 노예로 살아야 하죠?" 물었는데, "흑인이 노예인 것은 우주의 섭리야. 입 닥치고 공부나 해!"라고 답하는 것이랑 비슷하다. 실제 "입 닥치고 계산이나 해!(Shut up and calculate!)"는 물리학 교과서에도 등장하는 양자 역학의 주요한 해석(?) 중 하나다.[2] 상당히 많은 물리학자들의 입장이기도 하다. 농담이 아니다.

양자 측정이 야기하는 역설에 대해서는 앞서 몇 차례 다룬 바 있다. '슈뢰딩거 고양이'와 'EPR 역설'이 그 대표적인 예다. 이 역설들에 대해 필자가 제시했던 설명은 주류 물리학계에서 널리 인정되고 있는 것이다. 즉 어느 정도 실험적 증거를 갖고 있다는 뜻이다. 하지만 그런 설명에 만족하지 못하는 사람들이 있다. 이들이 선호하는 이론 가운데 하나가 바로 에버렛이 제시한 **다세계 해석**(many world interpretation)이다.

다세계 해석에서 파동 함수의 붕괴는 없다. 그렇다면 측정할 때 무슨 일이 일어나는가? 한마디로 이야기해서 우주가 여러 개로 나뉜다. 우주가 나뉜다고?! 차라리 붕괴가 나아 보인다는 말은 잠시 참아 주시길.

전자가 2개의 구멍을 지나는 실험을 한 번 더 생각해 보자. 측정하지 않으면 전자는 2개의 구멍을 동시에 지나간다. 측정하면 왼쪽 또는 오른쪽, 둘 중 하나의 구멍만을 지난다. 만약 측정했더니 전자가 오른쪽 구멍을 지났다면, 왼쪽 구멍을 지나는 상태는 더 이상 우주에 존재하지 않는다. 코펜하겐 해석에 따르면 그런 상태는 측정과 동시에 사라진 것이다. 하지만 다세계 해석의 입장은 이렇다. 측정하는 순간 우주는 둘로 나뉜다. 전자가 오른쪽으로 지나는 우주와 왼쪽으로 지나는 우주로.

정확히 이야기하자면, **다세계 해석에 측정은 없다. 우주는 그냥 유니타리 진행만 있을 뿐이다.** 전자는 2개의 구멍을 동시에 지났을 뿐이다. 측정이란 우리가 결과에 의미를 부여하는 것에 불과하다. 이게 무슨 말일까?

전자가 어느 구멍을 지나는지 알기 위해 각각의 구멍 옆에 작은 장치를 준비한다. 전자가 지나면서 만들어 내는 자기장을 검출하여 불을 켜는 장치다. 전자가 오른쪽을 지나면 붉은색, 왼쪽을 지나면 푸른색이 들어온다고 하자. 우주 전체가 유니타리 진행을 한다면 전자는 동시에 2개의 구멍을 지나게 된다. 이때 측정을 한다는 것은 전자가 오른쪽 구멍을 지나면 붉은색 불이 켜지고 왼쪽 구멍을 지나면 푸른색 불이 켜진다는 말이다. 우주 전체가 유니타리 진행을 한다고 했으니 이 두 사건도 동시에 일어난다. 즉 중첩 상태에 놓이게 된다. 그렇다면 측정 결과는 무엇일까? 지금부터 상당히 미묘해진다. 사실 엄밀히 말해서 여기서 측정 결과라는 것은 없다. 두 가지 경우는 여전히 동시에 존재하고 있기 때문이다.

똑똑한 독자라면 지금의 상태가 슈뢰딩거 고양이의 상태와 비숫하다는 것을 눈치 챘을 것이다. 슈뢰딩거 고양이의 역설에서는 A 상태의 원자, 멀쩡한 독약 병, 산 고양이, 또는 B 상태의 원자, 깨진 독약 병, 죽은 고양이가 각각 줄줄이 얽혀 있었다. 여기서는 독약 병과 고양이 대신 붉은색, 푸른색 불이 켜지는 검출기가 있다.

그렇다면 측정 후 전자가 오른쪽으로 지나갔다고 생각하는 나의 확신은 뭐란 말인가? 이제 여기에 나, 즉 관측자를 포함시켜 보자. 관측자의 몸도 모두 원자로 구성되어 있으므로 양자 역학의 지배를 받는다. 전자가 2개의 구멍을 지날 때, 유니타리 진행을 고려하면 관측자까지 포함된 중첩 상태가 형성된다. 전자가 오른쪽으로 가고 붉은색 불이 들어오고 그것을 본 관측자가 있고, 전자가 왼쪽으로 가고 푸른색 불이 켜지고 이것을 본 관측자가 있다. 관측자만 추가되었지 앞에서 했던 것과 근본적인 차이는 없다. 하지만 이제 관측자의 입장에서 보면 두 가지 경우가 생기게 된다.

다세계 해석의 주장은 이렇다. 두 관측자 가운데 누가 옳은지 알 수 없다. 즉 두 관측자 모두 옳다. 모든 관성계가 동일하다는 상대성 이론의 가정이 떠오르지 않는가?[3] 두 관측자가 모두 옳다면, 서로 자기가 관측한 것이 실제 존재하는 것이고 상대는 사라져 버렸다고 말할 것이다. 둘 다 옳으니 둘 다 존재하지 않거나 둘 다 존재해야 한다. 결국 둘 다 존재하지 않을 수는 없으니 두 우주가 존재해야 한다. 우주는 전체적으로 유니타리 진행을 할 뿐이다. 이 과정은 슈뢰딩거 방정식으로 완벽하게 기술된다. 붕괴니 확률이니 하는 따위는 모두 관측자라는 부수적인 존재가 자신의 양자 상태를 이해하려고 할 때

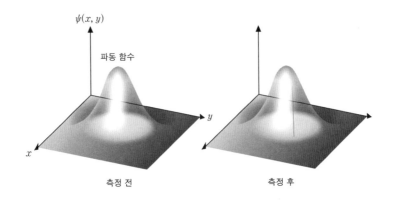

$\psi(x, y)$

파동 함수

y

x

측정 전   측정 후

그림 13.1 그림에 보면 측정 후 작은 피크가 보이는데 이것은 한 관측자가 얻은 결과다. 이런 결과들을 다 모으면 측정 전과 다름없는 파동 함수가 얻어진다. 다세계 해석에서는 이 각각을 동등한 여러 세계라고 생각한다. 하지만 코펜하겐 해석에서는 하나의 피크를 제외한 나머지 가능성은 모두 사라져버린다. 코펜하겐 해석을 그린 그림 6.2와 비교해 보라.

생기는 허상 같은 것이다. 하지만 "나는 생각한다. 고로 존재한다."는 말을 생각해 보면 이것이야말로 우리가 믿는 실체의 본질이기도 하다. 이 글을 읽고 "말도 안 돼!" 하고 당신이 책을 덮어도 상관없다. 또 다른 우주의 당신은 책을 계속 읽고 있을 것이니까.

다세계 해석에도 문제가 있다. 무엇보다 낭비가 심하다. 측정이 이루어질 때마다 우주가 나뉜다면 대체 얼마나 많은 우주가 존재한다는 말인가? 전자가 이중 슬릿을 지날 때만 중첩이 일어나는 것은 아니다. 지금 이 순간 당신이 눈을 깜박일지 숨을 내쉴지 결정하는 순간 우주는 갈라진다. 당신 몸을 이루는 수많은 원자들과 전자들이 서로 상호 작용하며 측정당할 때마다 우주가 갈라진다. 이런 식으로 우주에 존재하는 모든 입자들이 매 순간 셀 수 없이 많은 가능성으로 중첩된다. 혹 떼려다 혹을 붙인 셈인지도 모른다.

　　좀 더 미묘한 문제로 확률적 해석에 대한 것이 있다. 모든 가능성이 다 실재하는데 확률이라는 것이 무슨 의미가 있을까? 다세계 우주 전체를 한꺼번에 볼 수 있는 존재가 아니면 자신이 속한 우주밖에 볼 수 없으므로 확률이라는 개념이 이상해진다. 이런 문제점에도 불구하고 점점 더 많은 물리학자들이 다세계 해석을 지지하고 있다. 이 해석을 선호하는 가장 큰 이유는 그 지긋지긋한 양자 측정 문제를 추가적인 이론을 도입하지 않고 간단히 피할 수 있기 때문이다. 우주는 그냥 슈뢰딩거 방정식에 따라 유니타리 진행을 할 뿐이다. 얼마나 단순한가! 우주의 개수가 무한히 많아지는 것쯤이야. 음, 과연 그럴까?

　　2013년 오스트리아에서 열린 한 양자 물리학 학회에서 33명의 전문가들을 대상으로 투표를 실시한 적이 있다. 지지하는 양자 해석이 무엇이냐는 질문이 주어졌다. 코펜하겐 해석 42퍼센트, 정보 이론 해석 24퍼센트, 다세계 해석 18퍼센트였다. 여전히 코펜하겐 해석이 다수이기는 하지만 지지자가 절반도 안 된다는 것이 이채롭다.

　　앞서 설명한 결어긋남은 코펜하겐 해석의 발전된 형태로 보면 된다. 결국 이것도 코펜하겐 해석에 포함된다. 솔직히 이런 투표가 재미있기는 하지만 물리적으로 별 의미는 없다. 아무도 다세계 해석을 지지하지 않는 우주도 존재할 것이기 때문은 아니다. 과학에서 투표로 답을 정하는 것은 아니기 때문이다.

　　다세계 해석은 다중 우주[4]의 한 예다. 우리 우주가 하나가 아니라 여러 개 있을지 모른다는 것은 물리학의 다양한 분야에서 나온 아이디어다. 우주가 무한히 크다면 우주는 여러 개로 나뉠 수밖에 없다. 빛의 속도가 유한하기 때문에 각 관측자 입장에서 우주가 탄생한 이후 빛이 진행한 거리 이상은 절대 알 수 없기 때문이다. 즉 각 관측자에게는 그를 원점으로 빛이 우주의 나이 동안 진행한 거리를 반지름으로 하는 구 안에 있는 공간만이 유의미한 우주다. 우주가 무한히 크다면 수많은 관측자들이 자신을 중심으로 하는 우주들을 가지게 된다. '누벼 이은 다중 우주'다.

우리 우주는 대폭발로 탄생했다. 이후 줄곧 팽창만 하고 있다. 대폭발은 우리가 아는 한 우주를 만드는 유일한 방법이다. 만약 대폭발이 여러 번 일어났다면 우주도 그때마다 생겨났다고 할 수 있지 않을까. 우리 우주는 대폭발 이후 갑자기 엄청난 속도로 팽창했다. 이를 급팽창 혹은 인플레이션이라 하는데, 대폭발의 순간을 알 수 없는 우리에게 급팽창은 대폭발이나 다름없다. 급팽창은 조건이 맞으면 언제든 일어날 수 있다. 그렇다면 우리가 아는 대폭발 이외에 다른 대폭발(엄밀히는 급팽창)들도 가능하다. 그때마다 우주가 탄생할 수 있다면 우리 우주는 단지 '우리 대폭발'로 생긴 우주일 뿐이다. '급팽창 다중 우주(inflation Multiverse)'다. 초끈 이론에서도 다중 우주가 나온다.

다중 우주는 현재로서 그냥 이론적 허구다. 실험적 증거가 나오기까지는 과학이라 부르기 힘들다. 사실 다중 우주는 학계에서의 위상에 비해 대중에 너무 널리 알려진 느낌이다. 주변에 아무 물리학자나 붙들고 다중 우주 이론에 대해 아냐고 물어 보면 대부분 고개를 저을 것이다. 이 이론은 극소수의 연구자들만 연구하는 분야다. 하지만 우주에 대한 서로 다른 여러 연구 분야에서 다중 우주가 등장하는 데에는 분명 이유가 있을 것이다. 아직 그 이유를 알지 못하지만 말이다.

지구는 태양 주위를 도는 작은 행성에 불과하다. 태양은 아보가드로 수($6.02214129(27) \times 10^{23}$)보다 많은 별들 중 하나일 뿐이다. 하지만 이 광활한 우주마저 무한히 많은 다중 우주의 하나일 뿐이다. 다중 우주는 현대 물리학이 발견한 허무주의의 종결자라 할 만하다.

14장 생명의 양자 도약

우리는 유기체 내부에서 주도적인 역할을 하는 새로운 유형의 물리학 법칙을 기꺼이 찾아야 한다. 혹시 찾는다면 그 법칙을 비물리학적 법칙, 아니 심지어 초물리학적 법칙이라 불러야 할까? 아니다. 나는 그렇게 생각하지 않는다. 그 새로운 원리는 전적으로 물리학적이다. 그 원리는 다름 아닌 양자 이론의 원리라고 나는 믿는다.

― 에르빈 슈뢰딩거[1]

1938년 나치 독일은 오스트리아를 병합한다. 당시 그라츠 대학교 교수로 있던 슈뢰딩거는 곧바로 곤경에 빠진다. 슈뢰딩거는 나치에 반대하는 입장을 공공연히 밝혀 왔기 때문이다. 아니나 다를까. 그라츠 대학교는 슈뢰딩거를 전격 해임한다. 슈뢰딩거는 고국을 등질 수밖에 없었고, 결국 1940년 아일랜드 더블린의 고등 연구소에 정착하게 된다. 그의 나이 53세였다. 슈뢰딩거는 1944년 더블린에서 『생명이란 무엇인가?』란 책을 출간한다. 양자 역학을 만들고 평생을 물리학자로 살아온 그가 난데없이 생명을 주제로 글을 쓴 것이다.

우선 슈뢰딩거는 유전이 생명의 핵심이라고 지적한다. 부모의 정보가 자손에 온전히 전해지는 것을 이해하는 것이 가장 중요하다는 말이다. 고양이는 고양이를 낳고 고등어는 고등어를 낳는다. 고양이가 고등어를 낳는 법은 없다. 슈뢰딩거가 책을 쓸 당시, DNA가 유전을 매개하는 물질인지조차 분명치 않았다. 유전 물질이 세포 안에 있으므로, 그것이 아주 작은 것은 분명했다. 역학적 관점에서 보았을 때 이런 작은 물체들이 정확히 정보 전달을 하는 것은 기적이다. 꽃가루같이 작은 것들은 쉽게 외부 교란을 받아 항상 무작위로 움직이기 때문이다. 브라운 운동이라 불리는 것이다. 반면에 야구공 같은 거시적 물체는 뉴턴 역학에 따라 안정적으로 완벽하게 예측 가능한 운동을 한다. 결국 슈뢰딩거는 자그마한 세포 내에 들어 있는 유전 물질이 안정적으로 정보를 전달하는 것을 고전 역학으로는 이해할 수 없다고 결론 내린다. 즉 유전의 안정성은 양자 역학적 결과라는 말이다.

오늘날 우리는 슈뢰딩거의 예상이 맞았음을 안다. 1953년 제임스 왓슨과 프랜시스 크릭은 DNA의 분자 구조를 밝히고 유전 정보가 분자 규모에 담겨 있음을 보인다. DNA에 있는 연속한 3개의 염기가 하나의 아미노산을 지정하며, 아미노산이 모이면 단백질이 된다. 단백질은 생명체 자체를 만드는 재료이면서 모든 화학 반응을 제어하는 촉매 역할을 한다. 인간과 고등어가 다르다면 그들을 구성하는 단백질이 다른 것이다. 염기에는 아데닌, 티민, 구아닌, 시토신이라는 네 종류가 있는데, 모두 탄소, 질소, 산소 대여섯 개가 오각형, 육각형을 이루며 결합된 작은 분자에 불과하다. 아데닌과 티민, 구아닌과 시토신은 각각 2개, 3개의 수소를 매개로 하는 수소 결합으로 묶여 있다. 생명의 핵심 원리인 유전은 바로 이 원자들 몇 개 수준, 즉 양자 역학적으로 제어되고 있는 것이다.

하지만 놀랍게도 많은 생물학자들은 양자 역학을 잘 모른다. 왜 그럴까? 생명과 관련된 모든 물질은 원자로 되어 있고, 원자는 양자 역학으로 설명된다. 문제는 딱 여기까지라는 것이다. 생명체를 이루는 분자들은 여전히 눈에 보이지 않을 만큼 작지만, 어마어마하게 많은 수의 원자로 이루어져 있다. 예를 들어 리보솜을 만들려면 수십만 개의 원자가 필요하다. 이렇게 많은 수의 원자들로 이루어진 계에 양자 역학을 직접 적용하는 것은 현재의 계산 능력으로는 불가능하다. 원자 하나를 행렬 역학으로 기술하는 데 10개의 숫자를 사용한다면, 10만 개의 원자를 기술하기 위해 10^{100000}개의 숫자가 필요하게 된다. 이 수는 우주 전체 원자의 수보다 크다. 지구상에 존재하는 모든 컴퓨터를 동원해도 이것을 쓰는 것조차 불가능하다는 뜻이다.

결국 생물학자는 분자들을 마치 거시 세계의 공처럼 다룬다. 꼭 필요한 부분에만 양자 역학적 개념을 사용할 뿐이다. 고전 역학과 양자 역학의 하이브리드라고나 할까. 분자 자체는 양자 역학적 원리로 구성되어 있으나 분자 전체를 한 단위로 보았을 때 이것은 공이나 다름없다는 말이다. 하이브리드나 사용한다고 생물학자들을 우습게 보면 안 된다. 화학자, 전자 공학자, 재료 공학자, 심지어 물리학자조차 하이브리드를 이용한다.

앞서 이야기했듯이 탄소 원자 불과 60개가 모여 만들어진 풀러렌이란 분자조차 양자 간섭을 일으키려면 특별한 조건을 준비해야 한다. 결어긋남이 일어나는 것을 막아야 한다는 말이다. 결어긋남이란 측정당할 때 일어난다. 원자 하나가 부딪혀도 측정이 일어난다. 따라서 고온의(양자 중첩의 입장에서 섭씨 0도 이상이면 엄청나게 높은 온도다.) 물에 담겨 있는 생명체에서 결어긋남을 막는 것은 거의 불가능하다. 실제 대부분의 양자 실험은 진공, 또는 섭씨 −270도 정도의 극저온에서 수행된다. 이러할지니, 생물학자가 양자 중첩을 몰라도 연구하는데 아무 지장이 없는 것이다.

앞에서 양자 중첩을 이용하는 양자 컴퓨터는 기존의 컴퓨터가 할 수 없는 일을 하거나 효율을 극적으로 높일 수 있다고 했다. 그렇다면 혹시 생명체가 생존과 번식을 위해 양자 중첩을 이용하고 있는 사례는 없을까? 물론 쉽지는 않겠지만, 진화란 생존과 번식에 조금이라도 유리하면 그 방향으로 간다. 양자 중첩이 좋다면 생명이 이용하지 못할 이유도 없다. 이름하여 양자 생물학! 만약 이런 게 존재한다면 양자 역학 모르고 살아온 생물학자들에게는 큰 낭패가 아닐 수 없으리라.

2007년 미국 캘리포니아 주립 대학교 버클리 캠퍼스의 그레이엄 플레밍 교수의 연구팀은 광합성에서 양자 중첩의 실험적 증거를

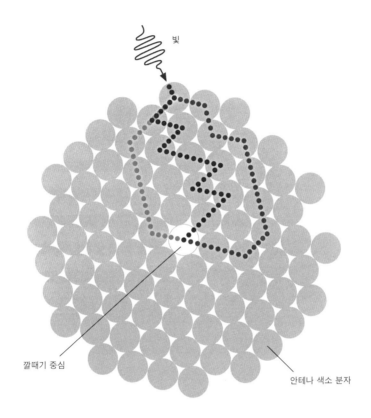

빛

깔때기 중심

안테나 색소 분자

그림 14.1 광합성에서의 양자 중첩. 빛을 받은 전자가 깔때기 중심으로 이동하는 동안 손실되는 에너지는 예상보다 훨씬 작다. 전자가 양자 중첩을 통해 모든 경로를 동시에 훑어서 언제나 최단 경로만을 선택해 이동하는 것일 수도 있다.

발견했다고 주장한다.[2] 광합성은 태양빛의 에너지를 화학 에너지로 변환하는 것인데, 지구 생명체의 가장 중요한 에너지원이다. 중·고등학교 생물 시간에 '전자 전달계'라는 것을 들은 기억이 날지도 모르겠다. 반응물들의 연쇄 반응을 통째로 외우던 악몽이 떠오르는 사람도 있을 것 같다. 아무튼 전자 전달계란 말 그대로 전자가 이동하는 것을 말한다. 깔때기 모양의 단백질에 빛이 닿으면 들뜬 전자가 깔때기 중심으로 이동하게 된다. 빛에 닿는 면적이 커야 하므로 모양이 깔때기인 것은 당연하다. 다만 전자가 깔때기 중심으로 이동하는 과정이 지나치게 효율적이라는 것이 문제다.

전자를 공 같은 물체로 생각해 보자. 찾아가야 할 깔때기 중심이 어딘지 알 길 없으니 전자는 여기저기 무작위로 부딪히며 이동해야 한다. 이 과정에서 당연히 에너지를 잃게 된다. 하지만 실제 전자가 잃는 에너지는 예상보다 훨씬 작아서 광합성 에너지 효율은 대단히 높다. 왜 그럴까? 플레밍 교수는 전자의 이동에 양자 중첩이 작동한다고 제안한다. 쉽게 이야기하면 전자가 모든 경로를 동시에 훑어보고 마치 고속 도로를 탄 것처럼 이동한다는 것이다. 하지만 결어긋남의 요인들이 득실거리는 생명체 내에서 전자가 어떻게 결맞음을 유지하는지는 여전히 미스터리다.

양자 생물학은 철새의 비행도 설명한다.[3] 철새가 지형지물 하나 없는 바다 한가운데서 어떻게 방향을 찾아가는지는 여전히 불가사의다. 인간이라면 GPS를 쓰면 된다. 철새가 GPS를 쓸 수는 없을 것이고, 밤에 별자리를 보며 방향을 잡을 수 있을 것 같지도 않다. 물리학적으로 바다 한가운데에서 철새가 방향을 잡는 데 이용할 수 있는 것은 지구 자기장뿐이다. 문제는 지구 자기장의 세기가 너무 약하다는 것이다. 철새의 머리에 자석이 있다고 해도 지구 자기장에 따라 자석이 받는 힘을 감지하는 것은 불가능하다고 알려져 있다.

양자 생물학의 설명 방법은 이렇다. 철새의 눈에 빛이 들어가면 2개의 라디칼(radical)이 쌍으로 만들어진다. 짝짓지 않은 전자를 가진 분자가 만들어지는 것이다. 쉽게 말해서 공유 결합을 형성하고 있던 전자 2개가 분리되어 따로 놀게 되었다고 보면 된다. 이런 전자를 홀전자(unpaired electron)라 한다. 분리된 각 라디칼은 홀전자를 하나씩 갖는다. 이 두 홀전자들이 특별한 관계를 갖는다는 것이 중요하다.

전자는 그 자체로 작은 자석이 될 수 있는데, 이런 특성을 스핀이라 부른다. 스핀은 양자 역학적으로 +1과 −1의 두 가지 값만을 가질 수 있다. 이것 역시 양자 역학의 전매 특허인 띄엄띄엄한 특성이다. 홀전자들이 갖는 특별한 관계라는 것은 전자의 스핀들이 앞서 다루었던 양자 얽힘 상태를 이룬다는 뜻이다. 공유 결합을 형성하는 전자는 스핀의 합이 0이다. 하나의 스핀 값이 +1이면 다른 하나는 −1이라는 말이다. 따라서 전체 합이 0이었다가 분리되어 2개의 홀 전자가 된 상태는 EPR 상태와 같다. 하나가 +1이라는 것을 알면 다른 하나가 −1이라는 사실이 즉각 정해지기 때문이다.

철새의 눈에서 생긴 2개의 홀전자들은 중첩 상태를 이룰 수 있기 때문에 이것은 정확히 EPR 상태 혹은 벨 상태가 된다. 이 경우 라디칼 전자들의 두 스핀은 두 가지 방식으로만 얽힐 수 있다. 그 두 가지를 편의상 A와 B라고 부르자.[4] 이 가운데 어떤 식으로 얽힐지는 외부 자기장의 크기에 의존한다. 따라서 A와 B의 생성 비율을 보면 지구 자기장 방향을 알 수 있다. 양자 중첩을 이용하기 때문에 그 생성 비율은 자기장에 대단히 민감하다.[5] 결국 철새의 눈에 양자 나침반이 있는 셈이다. 하지만 살아 있는 새에서 이루어진 실험이 아니기에 아직 논란이 있다.

1989년 물리학자 로저 펜로즈는 『황제의 새 마음』이란 책에서 양자 역학이 인간의 의식을 이해하는 데 중요하다고 주장한다.[6] 펜로즈는 우선 인간의 의식에는 계산만으로 설명할 수 없는 것이 있음을 보여 준다.[7] 예를 들어 "두 짝수의 합이 홀수가 되는 짝수는 무엇인가?"라는 문제를 생각해 보자. 짝수와 짝수를 더하면 언제나 짝수가 된다. 따라서 우리는 이 조건을 만족하는 짝수는 존재하지 않는다는 것을 안다. 하지만 컴퓨터는 이 문제를 해결하기 위해 계산을 시작한다. $2+2=4$, $2+4=6$, $4+4=8$, …. 이것이야말로 현대 컴퓨터의 원형을 이루는 튜링 기계의 전형적인 방법이다. 하지만 이런 식으로는 결코 답을 구할 수 없다. 평생 더하기만 하다가 끝날 것이다. 이 방법으로 '페르마의 마지막 정리'나 '골드바흐의 추측' 같은 것도 절대 해결할 수 없다.

골드바흐의 추측이란 "2보다 큰 모든 짝수는 두 소수의 합으로 표현 가능하다."란 명제다. 컴퓨터를 이용해서 무지무지하게 큰 수에 대해서까지 이 명제가 참임을 확인했지만, 아직 수학적으로 완전히 증명하지는 못하고 있다. 튜링 기계 방식의 컴퓨터는 이런 문제를 해결할 수 없다. 하지만 언젠가 골드바흐의 추측이 증명된다면(수학자들은 이 추측이 옳을 것이라고 생각한다.) 인간은 할 수 있지만 컴퓨터는 할 수 없는 뭔가가 있다는 뜻일 수 있다.

튜링이 제안했듯이 튜링 기계는 모든 수학적 연산을 모사할 수 있다. 모든 증명은 수학적 연산으로 표현할 수 있다. 따라서 이런 실패는 보다 근본적인 이유가 있음을 보여 준다. 물론 튜링 기계는 연산이 언제 끝날지, 아니 끝나기는 하는지 알지 못한다. 어쨌든 인간에게는 이런 문제가 없다. 종종 틀려서 그렇지, 결정을 내릴 수 있다. 그렇다면 인간의 뇌는 근본적인 수준에서 컴퓨터와 완전히 다른 방식으로 작동하는 것은 아닐까? 도이치가 제안한 것처럼 양자 컴퓨터를 사용하면 이런 제약을 벗어나게 될지도 모른다는 것이다.

펜로즈는 양자 역학을 이용해야 이런 문제가 해결된다고 주장하며, 구체적으로 뇌세포의 미세소관을 양자 중첩이 일어나는 곳으로 지목했다.[8] 펜로즈의 제안에 대한 주류 학계의 반응은 냉랭하다. 아직까지 인간의 뇌에서 양자 중첩이 의미 있는 역할을 한다는 어떤 실험적 증거도 없기 때문이다. 역시나 생명체 내에서 결맞음을 유지하는 것은 어려운 일인 것 같다. 더구나 펜로즈의 이론에는 양자 중력까지 등장하는데, 이것은 지나치게 앞서 나간다는 느낌마저 준다. 양자 중력은 아직 아무도 알지 못하는 물리학의 성배(聖杯)다.

진화는 엄청난 추진력을 제공한다. 양자 역학이 생존에 이익이 된다면 생명은 이를 반드시 이용했을 것이다. 아직 이용하지 않았다면, 양자 역학을 깨친 인류가 우주 최초의 '양자 생명체'가 될지도 모른다.

15장 비트에서 존재로: it from bit

우주의 본질은 무엇인가? 이는 인류 문명의 역사만큼이나 오래된 질문이다. 영화 「매트릭스」는 이 질문에 황당한 답을 내놓았다. 이 세상이 한낱 컴퓨터 게임 같은 프로그램이라는 것이다. 다만 양자역학이 도달한 답도 이와 비슷할지 모른다는 것이 문제다.

존 아치볼드 휠러는 일반에 널리 알려지지 않은 이론 물리학자다. 아인슈타인, 보어 등과 연구를 함께했으니 얼마나 옛날사람인지 알 수 있다. 리처드 파인만의 스승이었으며 '블랙홀'이라는 이름을지은 것으로 유명하다. 말년에는 여러 형이상학적 주제를 물리학적으로 다뤄 많은 사람들에게 영감을 주었다.

휠러가 던진 '빅 퀘스천(big question)' 몇 개를 보자. "존재는 어떻게 생겨났는가?", "왜 양자인가?", "동참하는 우주?", "의미는 무엇인가?" 얼핏 과학적이라기보다 철학적인 질문으로 보인다. 이 모든 질문들은 결국 "비트에서 존재로(it from bit)"라는 문장으로 귀결된다는 것이 휠러의 생각이었다. 비트는 정보를 상징하는 말이니, 우주 존재의 본질은 정보라는 뜻이다.

사실 이런 주장은 뜬금없이 들린다. 우주의 본질은 쿼크 아닌가? 아니 초끈이라는 말도 어디선가 들은 듯하고. 더구나 정보는 실체가 없는 것 같은데 말이다. 정보라고 하면 주식 가격, 시험 문제, 비밀번호, 데이터 같은 말들이 떠오를 것이다. 이런 것들이 어떻게 우주의 본질이 될 수 있을까? 아니 정보가 물리학적인 대상이 될 수나 있는 걸까?

섀넌의 정보 엔트로피

1948년 미국의 수학자이자 전기 공학자인 클로드 섀넌은 정보를 정량적으로 기술하는 방법을 제안한다. 그의 생각을 이해하기 위해 두 가지 정보의 예를 생각해 보자. (1) 내일 해가 뜬다. (2) 내일 가수 아이유가 은퇴한다. 정보 (1)보다 정보 (2)가 가진 정보의 양이 많다. 정보 (2)가 더 놀랍기 때문이다. 장마철이 아닌 다음에야 내일 해가 뜨는 것은 너무 당연한 일이다. 수학적으로 엄밀히 말하면 정보 (2)가 일어날 확률이 훨씬 작아서 그렇다. 따라서 섀넌은 어떤 문장이 가진 정보의 양이 그 문장이 진술하는 일이 일어날 확률에 반비례한다고 생각했다. 즉 $\frac{1}{p}$이 정보의 양이다. 여기서 p는 사건이 일어날 확률이다.

확률에는 한 가지 단순한 성질이 있다. 독립적으로 일어난 두 사건이 동시에 일어날 확률은 개별 확률의 곱으로 주어진다는 것이다. 내일 해가 뜰 확률을 p_1, 아이유가 은퇴할 확률을 p_2라고 하면, 내일 해가 뜨고 아이유도 은퇴할 확률은 $p_1 p_2$이다. 해가 뜨는 사건의 정보량은 $\frac{1}{p_1}$, 아이유가 은퇴하는 사건의 정보량은 $\frac{1}{p_2}$이다. 두 사건이 동시에 일어나는 사건의 정보량이 각각의 정보량을 더한 것이 되어야 한다면 문제가 일어난다. $\frac{1}{p_1} + \frac{1}{p_2}$이 $\frac{1}{p_1 p_2}$와 같지 않기 때문이다.

정보가 이처럼 꼭 더해져야 하는 것은 아니지만, 그렇게 되는 것이 직관적이다. 질량은 물질의 양을 나타낸다. 두 물체 전체의 질량은 개별 물체가 갖는 질량의 합으로 주어진다. 결국 확률에 반비례하는 성질은 유지하면서 독립 사건의 정보량이 더해지려면 적절한 함수를 도입해야 한다.

이렇게 도입된 함수가 '로그'다. 곱의 로그는 로그의 합으로 주어지기 때문이다. 결국 섀넌이 제시한 정보의 척도는 확률의 역수에 로그를 씌운 $\ln \frac{1}{p_n}$이다.[1] 로그는 고등학교 수학에 나온다. 이하의 논의를 이해하는 데 몰라도 큰 문제는 없으니 걱정 마시라. 어떤 상황이 갖는 정보량은 그 상황에서 발생할 수 있는 모든 가능한 사건들의 평균적인 정보량으로 나타내면 될 것이다. 개별 사건이 일어날 확률이 p_n이라면 여기에 정보량을 곱하여 더한 $\sum_n p_n \ln \frac{1}{p_n}$으로 쓸 수 있다는 말이다. 이 공식은 무시무시하게 생겼지만 앞서 정의한 정보량의 평균이라는 의미만 갖는다.

여기까지는 정보를 놀라움의 양으로 정의한 것이다. 그런데 놀랍게도 마지막으로 얻은 공식은 물리학에서 잘 알려진 볼츠만의 엔트로피 공식과 수학적으로 동일하다.[2] 이것은 우연일까? 이 때문에 섀넌의 정보량을 **정보 엔트로피**라 부른다. 정보 엔트로피와 볼츠만 엔트로피는 같은 것일까? 볼츠만 엔트로피는 열역학 제2법칙과 관련된 중요한 물리량이다. 이 둘의 관계에 대해서는 흥미로운 역사가 있다.

열역학 제2법칙

우선 열역학 제2법칙이 무엇인지 알아보자. 뜨거운 커피를 앞에 두고 수다를 떨다 보면 어느새 커피가 식어 낭패를 보게 된다. 뜨겁다는 것은 분자의 에너지가 크다는 뜻이다. 따라서 에너지 보존 법칙이 성립하려면 커피가 식는 동안 커피의 에너지가 주변 공기의 에너지로 바뀌어야 한다. 하지만 이와 반대로 주변 공기의 에너지가 줄고 커피의 온도가 높아지는 것은 어떨까. 이 역시 에너지 보존 법칙을 위반하지 않는다. 하지만 아무리 오랫동안 수다를 떨어도 차가운 커피가 자연적으로 다시 팔팔 끓을 정도로 뜨거워지는 일은 절대로 일어나지 않는다. 이것은 에너지의 전환에 방향성이 있음을 보여 준다. 열역학 제2법칙은 이런 방향성을 설명한다. 참고로 열역학 제1법칙은

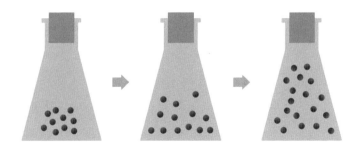

그림 15.1 열역학 제2법칙. 한 곳에 모여 있는 기체는 점차 퍼져서 공간을 고르게 채운다. 이 과정에서 엔트로피가 증가한다. 자연은 항상 무질서한 방향으로 변화한다.

에너지 보존 법칙의 다른 이름이다.

　　문제를 간단히 하기 위해 한 가운데 칸막이가 있어 둘로 나뉜 상자를 생각해 보자. 오른쪽에는 붉은색, 왼쪽에는 푸른색 공이 들어 있다. 칸막이에는 공이 지나갈 수 있는 작은 구멍이 있다. 앞서 이야 기한 커피가 식는 상황과 비교하자면, 붉은색 공은 온도가 높은 커피, 푸른색 공은 온도가 낮은 주변 공기를 나타내고, 오른쪽은 커피 잔, 왼쪽은 주변 공기라고 생각할 수 있다. 처음에는 커피가 뜨겁고 주변 이 차가운 상태이므로 붉은색 공은 대부분 오른쪽에 들어 있다. 이제 상자를 흔들어 보자. 시간이 지나면서 붉은 공과 푸른색 공이 점점 고 르게 섞인다. 커피와 주변 공기의 온도가 같아지는 과정이다.

　　그런데 붉은색 공과 푸른색 공이 고르게 뒤섞인 상태에서 상 자를 마구 흔들어서 한쪽에는 붉은색 공만, 다른 쪽에는 푸른색 공만 있는 상태를 만들 수 있을까? 공이 무작위로 움직이고 있다면 붉은색 공이 오른쪽에 놓일 확률은 2분의 1이다. 붉은색 공이 100개 있다면,

이들이 모두 왼쪽에 있을 확률은 $1/2^{100}$, 대략 $1/10^{30}$에 불과하다. 1초에 한 번씩 흔들면 10^{22}년, 또는 우주 나이의 1조 배에 달하는 시간이 지나야 한 번 정도 일어날 수 있다는 말이다. 일어나지 않는다는 말과 같다. 이것을 바라느니 로또에 3번 연속 당첨되길 바라는 편이 낫다. 커피가 저절로 끓는 모습을 볼 수 없는 이유다. 이것이 열역학 제2법칙의 정체다.

물리학자는 모든 것을 정량적으로 표현하려 한다. 에너지는 동양 사상에서 말하는 '기(氣)'와 다르다. 정량화할 수 있기 때문이다. 측정할 수 있고, 그 결과를 숫자로 표현할 수 있다. 열역학 제2법칙을 확률로 설명하는 방법을 설명했지만, 이것을 좀 더 정량화할 필요가 있다. 무작위로 흔들어서 100개의 공이 한쪽에 모이는 것보다 200개가 한쪽에 모이는 것이 더 힘들 것 아닌가. 이런 차이를 정량적으로 기술하기 위해 도입된 물리량이 '엔트로피'다.

1852년 루돌프 클라우지우스는 '열을 온도로 나눈 값'으로 엔트로피를 정의했다. **엔트로피는 가역(可逆) 과정에서는 변하지 않고 비가역(非可逆) 과정에서 증가하는 물리량이다.**

가역 과정이란 말 그대로 거꾸로 돌릴 수 있는 과정이란 뜻이다. 오른쪽에서 공을 던지면 공이 포물선을 그리며 왼쪽으로 날아간다. 이 상황을 동영상을 찍어서 거꾸로 돌려 보면 왼쪽에서 던진 공이 오른쪽으로 날아가는 것으로 보인다. 동영상만 본 사람은 어느 것이 거꾸로인지 알기 힘들다. 가역 과정의 예다. 이번에는 유리잔을 떨어뜨려 산산이 부서지는 과정을 생각해 보자. 이것을 동영상으로 찍어 거꾸로 돌려 보면 말도 안 되는 일이 벌어지게 된다. 산산이 부서진 유리 조각들이 하나로 뭉쳐 유리잔이 되며 튀어 오른다. "에이. 이건 거꾸로 돌린 거잖아." 거꾸로 돌리면 도저히 일어날 수 없는 일이다. 이것이 비가역 과정이다.

따라서 엔트로피는 결코 자발적으로 줄어들지 않는다. 이제 열역학 제2법칙을 "엔트로피는 결코 줄지 않는다."라는 좀 더 세련된 표현으로 나타낼 수 있다. 그렇지만 '열을 온도로 나눈 값'이 왜 결코 줄지 않는지는 미스터리였다. 여기에 답을 준 사람이 볼츠만이다.

1872년 오스트리아의 물리학자 루트비히 볼츠만은 섀넌이 정의한 정보 엔트로피와 동일한 형태의 양이 항상 증가한다는 것을 알아낸다. 섀넌이 정보 엔트로피를 정의하기 76년 전의 일이다. 1877년 볼츠만은 특수한 상황에서 엔트로피가 $k_B \ln \Omega$로 주어짐을 보인다. 섀넌의 정보에서 나왔던 로그가 다시 등장했다. 여기서 Ω는 주어진 조건하에서 일어날 수 있는 가능한 '경우의 수'이고, k_B는 볼츠만 상수인데 이건 몰라도 그만이다. 볼츠만은 이렇게 주어진 수식이 클라우지우스의 엔트로피와 같은 물리량임을 밝힌다. 경우의 수는 엔트로피 이해의 핵심을 담고 있다. 바로 확률의 중요성을 보여 주는 것이다. 볼츠만은 앞서 공이 섞이는 것을 설명한 것과 비슷한 방식으로 엔트로피 증가의 원리를 설명한다.

아직 엔트로피가 무엇인지 알쏭달쏭할듯하니 직접 엔트로피를 계산해 보자. 주사위를 던지는 경우, 여섯 가지 가능한 '경우의 수'가 있으므로 볼츠만의 엔트로피는 $k_B \ln 6$이 된다. 앞의 예에서 붉은

공 100개가 양쪽에 50개씩 존재하는 경우의 수는 $100!/(50!50!)^3$로 대략 2^{100}이므로 엔트로피는 $100k_B \ln 2 \,(= k_B \ln 2^{100})$, 대략 $70.3\,k_B$ 정도가 된다. 반면에 모든 공이 한쪽에 있는 경우는 단 한 가지뿐이므로 엔트로피는 0이다. 엔트로피는 줄어들지 않으므로 70.3에서 시작하여 결코 0으로 될 수는 없다. 쉬운 말로 하면 양쪽에 고르게 퍼져 있던 공이 한쪽으로 몰리는 일은 일어날 수 없다는 뜻이다.

지금까지의 이야기를 정리해 보자. 열역학 제2법칙은 결국 확률이 높은 것이 많이 나타나기 마련이라는 당연한 내용을 담고 있다. 여기서 확률은 엔트로피라는 양으로 정량화된다. 이 때문에 아인슈타인은 열역학이야말로 최후까지 살아남을 물리학 이론이라고 했다. 이것은 결코 틀릴 수 없는 이론이기 때문이다. 아무튼 여기까지는 주로 볼츠만의 업적이다. 훗날 섀넌은 엔트로피와 유사한 형태로 정보를 정량화했다. 이 단계에서 섀넌의 정보 엔트로피와 볼츠만의 물리적 엔트로피 사이의 관계는 수학적 유사성을 빼고는 분명치 않다. 이제부터 이 두 가지가 어떻게 서로 엮이게 되는지 살펴보자.

맥스웰의 도깨비

1871년 제임스 클러크 맥스웰은 저서 『열의 이론』에서 열역학 제2법칙과 관련한 미묘한 질문을 하나 던진다.[4] 앞서 이야기한 상자에 든 공의 예를 다시 생각해 보자. 상자는 벽으로 나뉘어 있고 벽에

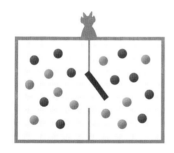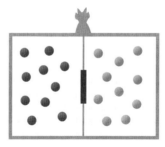

그림 15.2 맥스웰의 도깨비. 두 종류의 색깔로 이루어진 공들의 무질서한 움직임을 하나하나 관찰하며 칸막이 문을 여닫는다. 결국 두 가지 공을 분리할 수 있다면, 열역학 제2법칙이 깨질지도 모른다.

는 공이 통과할 수 있는 구멍이 있다. 상자를 마구 흔들어 주면 공들은 무작위로 섞인다. 여기까지는 같다.

자, 이번에는 '지능'이 있는 아주 작은 '존재'가 있어 구멍 앞에 앉아 있다고 하자. 이 '존재'는 공의 색깔을 구별할 수 있으며, 구멍에 문을 달아 여닫으며 원하는 공만 통과시킨다. 예를 들어 붉은 공이 왼쪽에서 구멍을 향해 다가오면 문을 닫고, 오른쪽에서 오면 문을 열어 두는 것이다. 이런 식으로 하면 붉은 공은 왼쪽에, 푸른 공은 오른쪽에 모이게 할 수 있다.

이런 '존재'가 실제로 있다면 공이 색깔별로 나뉘게 된다. 이 '존재'를 모르는 사람이 보기에 열역학 제2법칙이 깨진다는 말이다. 물론 이 '존재'가 공을 분류하고 문을 여닫는 데 에너지를 거의 소모하지 말아야 한다. 또한 그 과정에서 엔트로피도 증가하지 않아야 한다. 훗날 사람들은 이 '존재'에 '맥스웰의 도깨비'란 이름을 붙여 줬다.

맥스웰의 도깨비 이야기를 들은 사람들의 반응은 대개 "그게 뭐 대수냐? 작은 존재라니? 문을 열고 닫을 때 조금이나마 에너지가 필요하겠지. 도깨비도 먹고살아야 하니 에너지를 쓸 것 아냐?"처럼 냉소적이었다. 중세 시대에 고민하곤 했던 "바늘 끝에 천사가 몇이나 서 있을 수 있나?"라는 질문처럼 맥스웰의 도깨비를 무의미한 문제로 생각했던 것이다. 하지만 1929년 헝가리 출신 물리학자 실라르드 레오가 제시한 열역학적 엔진으로 상황은 뒤바뀌게 됐다.

'실라르드 엔진(Szilard engine)'을 이해하려면 보통의 엔진부터 이해해야 한다. 우선 일러둘 것이 있다. 앞으로 계속 등장하게 될 '열'과 '일'은 모두 '에너지'의 일종이다. 사이버머니, 원화, 달러가 모두 '돈'인 것과 비슷하다. '열'은 상식적으로 아는 것과 크게 다르지 않다. 엔진의 피스톤이 움직이며 에너지를 사용하는 과정을 '일'한다고 표현한다. 또한 그때 사용한 에너지의 양을 '일'이라고 한다.

통상 엔진은 '사이클'이라 부르는 열역학적 과정을 반복하며 작동한다. 자동차 엔진 같은 내연 기관도 예외가 아니다. 엔진은 외부에서 열을 받아 일을 한 뒤 남은 열을 외부로 내보낸다. 열은 에너지니까 들어온 에너지에서 내버린 에너지의 차가 엔진이 하는 일로 쓰일 수 있다. 보통의 엔진에서는 피스톤이 왕복 운동을 한다. 한 사이클이 지나면 피스톤의 위치가 처음으로 돌아오게 된다. 앞에서 설명하지 않은 것인데, 엔트로피는 열역학적 과정에 의존하지 않는 상태만의 함수다. 간단히 설명하기 쉽지 않지만, 엔진이 처음 상태로 돌아오면 엔진의 엔트로피는 처음과 같아야 한다는 것을 의미한다고만 알아두자. 즉 한 사이클이 지난 엔진은 엔트로피 변화가 없다.

지금 우리가 고려하는 열역학 계는 엔진과 외부의 열원(熱源)으로만 구성되어 있다. 엔진이 일을 했다는 것은 어디선가 에너지를 끌어왔다는 것이고, 그 에너지는 당연히 열원에서 온 것이다. 이 경우 다른 가능성이 아예 없다. 우주가 엔진과 열원밖에 없으니까 엔진이 뭔가 얻었다면 그걸 줄 수 있는 것은 열원뿐이다. 이제 열을 온도로 나눈 값이 엔트로피라는 클라우지우스의 정의를 생각해 보자. 열원에서 엔진으로 열이 이동했다면 열원의 엔트로피는 감소하게 된다. 물론 엔진은 이 순간 엔트로피가 늘어난다. 하지만 모든 과정을 고려하면 엔진의 엔트로피 변화는 없고(한 사이클이 지난 엔진은 엔트로피 변화가 없다고 했다.), 열원의 엔트로피는 줄었다. 전체 계는 엔진과 열원으로만 구성되었으므로 전체 계의 엔트로피는 줄어든 셈이 된다. 열역학 제2법칙에 위배된다는 말이다. 쉬운 말로 하면 엔진은 이런 식으로 결코 동작할 수 없다!

제2법칙이 만족되기 위해서는 줄어든 열원에 엔트로피를 공급해서 전체 엔트로피가 줄어들지 않도록 해야 한다. 열원에 열을 주어야 한다는 말이다. 누가? 물론 엔진밖에 없다. 엔진은 이미 열원에서 열을 받은 바 있다. 이걸로 일을 할 수 있었다. 안타깝지만 받은 열 가운데 일부를 열원에 되돌려 줄 수밖에 없다는 얘기다. 열을 모두 일로 이용할 수 없는 이유다. 효율 100퍼센트인 열기관이 존재하지 못하는 이유이기도 하다. 들어온 열을 모두 열원에 되돌려 주면 일을 할 에너지가 남아나질 않는다. 다행히 엔트로피는 열을 온도로 나눈 값이다. 열을 낮은 온도의 열원에 버린다면 열원의 엔트로피 감소분을 보충

하고도 여전히 일에 사용할 에너지를 남길 수 있다. 이 때문에 열역학 제2법칙을 위배하지 않으면서 엔진이 작동하기 위해서는 뜨거운 열원과 차가운 열원이 모두 필요하다. 다시 강조하지만 하나의 열원만 가지고 엔진은 동작할 수 없다.

실라르드 정보 엔진

이제 준비 운동을 했으니 (준비 운동으로 좀 과했다는 생각이 들기는 한다.) 실라르드 엔진을 살펴보자. 실라르드 엔진은 '사고 실험(思考實驗)'의 한 예다. 실제로 구현하기 어려워서 이론적으로만 생각 가능한 실험이란 뜻이다. 실라르드 엔진은 밀폐된 상자 안에 있는 단 하나의 원자로 구성된다. 먼저 여기에 벽을 수직 방향으로 집어넣어 상자를 둘로 나눈다. 벽 때문에 원자는 상자의 오른쪽, 왼쪽 중 어느 한 편에 있게 된다. 원자가 벽의 왼쪽에 있다고 하자. 이제 집어넣은 벽이 수평으로 움직일 수 있다고 가정하면, 벽은 원자에 밀려 오른쪽 방향으로 움직인다. 원자는 끊임없이 움직인다는 사실을 기억하라. 벽을 수직으로 넣을 때는 언제고, 이제는 수평으로 움직이느냐고 한다면 할 말 없다. 그러니까 사고 실험이다.

벽이 움직이면 '일'을 하게 된다. 벽에 피스톤을 달았다고 생각하면 이해하기 쉽다. 벽이 움직이는 이유는 원자가 벽에 부딪히기 때문이다. '일'은 에너지의 일종이므로 저절로 생겨나거나 사라질 수 없다. (이것이 에너지 보존 법칙이다.) 엔진을 열원에 연결해야 한다는 말이다. 엔진이 한 '일'은 열원에서 공급된 에너지로 수행된다. 벽이 상자의 끝에 도달했을 때 한 사이클이 완성된다. 얼핏 보기에 별 문제가 없어 보이지만, 이 엔진이 바로 맥스웰의 도깨비라는 것이 실라르드의 주장이었다.

실라르드 엔진에는 열원이 하나밖에 없다. 여기서 가져온 에너지로 엔진이 '일'을 한다. 따라서 열은 열원에서 엔진으로 이동할 뿐이다. 열이 이동할 때, 엔트로피도 같이 이동한다. 보통의 엔진은 엔진이 열의 일부를 열원으로 버린다. 하지만 실라르드 엔진에서는 에너지가 열원에서 엔진으로 이동하기만 할 뿐이다. 한 사이클이 지난 후 엔진의 엔트로피 변화는 없으므로 열원의 엔트로피 변화만 고려하면 된다. 누누이 강조했듯이 열원의 엔트로피는 감소했다. 열을 엔진으로 보내기만 했기 때문이다. 이 엔진은 한 사이클이 지나면 전체 계의 엔트로피가 감소한다. 맥스웰의 도깨비라는 이야기다.

만약 실라르드 엔진이 맥스웰의 도깨비라면 열역학 제2법칙에 위배되는 엄청난 사건이 일어난 것이다. 정말로 이런 일이 생길 수 있을까? 해답은 미묘한 곳에 있었다. 벽을 집어넣은 후 원자가 오른쪽, 왼쪽 어디에 있는지 어떻게 알 수 있을까. 물론 누군가 봤으니까 알 수 있다. 이 누군가가 바로 도깨비가 아닐까?

벽을 넣고 원자의 위치를 측정하지 않았다면 원자의 위치는 오른쪽, 왼쪽 두 가지가 가능하므로 엔트로피는 $k_B \ln 2$ 이지만, 위치를 알고 있다면 엔트로피는 0이다. 즉 측정을 통해 $k_B \ln 2$ 만큼 엔진의 엔트로피가 감소하게 된다. 열이 직접 이동하지는 않았지만, 엔진의 엔트로피가 줄어든 만큼 열원으로 이동했다고 생각할 수 있다. 전체 계는 엔진과 열원밖에 없으니까 말이다. 여기서 자세히 유도하지는 않겠지만, 실라르드 엔진에서 열원의 줄어든 엔트로피 크기는 $k_B \ln 2$ 이다. 이것은 측정을 통해 이동한 엔트로피의 크기와 같다. 이로써 줄어든 엔트로피를 보충할 수 있다. 결국 실라르드 엔진에서도 열역학 제2법칙은 성립하는 것이다.

정리해 보자. 실라르드 엔진은 열원의 에너지로 일을 한다. 열

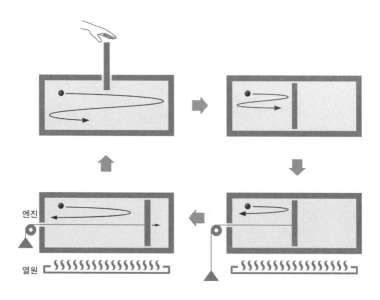

그림 15.3 실라르드 정보 엔진. 열원에서 엔진으로 열이 이동한다. 이때 열원은 열을 잃고 엔트로피가 감소하지만 엔진은 엔트로피 변화가 없다. 마치 전체 엔트로피가 감소해 열역학 제2법칙을 위배하는 것처럼 보인다. 하지만 여기에 원자의 위치 측정으로 인한 엔트로피 증가를 고려하면 이 문제를 해결할 수 있다. 정보를 물리적인 엔트로피로 간주해야만 하는 것이다.

김상욱의 양자 공부

원에서 제공한 열이 일로 바뀌는 것이다. 열원은 열을 주는 바람에 엔트로피가 감소했다. 하지만 원자가 오른쪽에 있는지 왼쪽에 있는지 측정하는 과정에서 엔진의 엔트로피가 열원으로 이동한다. 이 엔트로피가 열원이 잃은 엔트로피를 보충해 준다. 이렇게 실라르드 엔진은 엔트로피의 감소 없이, 즉 열역학 제2법칙을 위배하지 않고 작동할 수 있게 된다.

사실 여기서 엔트로피의 변화는 순전히 원자가 오른쪽, 왼쪽 어디에 있는지에 대한 정보의 차이에서 온다. 어찌 보면 실라르드 엔진은 정보를 일로 바꾸는 장치인 셈이다. "아는 것이 힘이다."라는 옛말이 물리학에서도 통하는 것이랄까. 정확히는 "아는 것이 일이다."가 맞는 말이지만. 실라르드 엔진은 최근 실험으로 입증되었다.[5, 6]

실라르드 엔진이 존재할 수 있다는 것의 의미가 뭘까? 정보를 물리적인 엔트로피로 간주하지 않으면 열역학 제2법칙이 무너질 수 있다는 것이다. 열역학 제2법칙 버릴래, 정보를 물리적인 것으로 간주할래? 법칙을 버리기는 싫으니 이제 정보가 당당히 물리학 안으로 들어오게 되었다.

해피엔딩인 것 같지만, 그렇지 않다. 정보라는 녀석은 본질적으로 주관적이기 때문이다. 당신은 동전을 던지면 앞면, 뒷면이 무작위로 나온다고 생각할 것이다. 그렇지 않다면 동료와 점심 메뉴로 다투다가 동전을 던져 결정할 리 없다. 물리학자가 보기에 동전 던지기는 완전히 무작위적이지 않다. 처음 위치와 던질 때 힘, 중력 등등을 알면, 완벽하지는 않더라도 2분의 1보다는 높은 확률로 결과를 예측할 수 있다. 확률이 다르면 정보량도 다르다. 동전 던지기의 진짜 엔트로피는 얼마일까?

정보의 주관성

정보, 아니 확률은 원래 주관적이다. 제2차 세계 대전 중이던 1944년 6월 6일 연합군은 나치 치하 프랑스 노르망디 해안에 상륙했다. 원래 상륙 작전은 6월 5일로 계획되어 있었으나 기상 악화로 하루 연기되었다. 상륙할 때 폭풍이라도 치면 상륙 부대가 큰 위험에 빠질 수 있기 때문이다. 작전을 하루 연기한 이후 연합군 사령부는 큰 고민에 빠졌다. 여전히 날씨에 대해 확신할 수 없었기 때문이다. 6월 6일 상륙 지점의 날씨가 좋을 확률은 얼마일까? 코흘리개 아이에게 답을 물어 보면 아무 말이나 지껄일 것이다. 그래서 확률은 50퍼센트다. 당시 기상 장교는 날씨가 좋을 것이라 예측했으니 대략 70퍼센트라고 하자. 만약 지금처럼 인공 위성으로 기상을 분석할 수 있었다면 훨씬 높은 확률로 날씨를 알 수 있었으리라. 90퍼센트라고 하자. 미래 인공 지능을 탑재한 고성능 기상 예측 컴퓨터가 나온다면 99퍼센트의 확률로 예측할지도 모른다. 자, 여기서 누구의 확률이 진짜 확률인가? 다시 말하지만 확률은 주관적이다. 따라서 정보도 주관적이다.

주관적인 양인 정보가 물리량이 되면 물리학에도 주관적인 요소가 개입되는 걸까? 이건 안 된다. 물리학은 객관적이어야 하니까!

그렇다면 실라르드 엔진 문제를 해결하기 위해 정보 엔트로피를 물리적 엔트로피라고 하는 것은 위험한 결정일 수 있다는 이야기다.

해결책은 의외로 간단하다. 놀랍게도 양자 역학이 우리를 구원한다. 실라르드 엔진의 정보는 원자의 위치 측정을 통해 얻어진다. 측정! 양자 역학이 등장할 차례다. 물리학에 들어오는 정보는 측정으로 얻어진 것이고, 양자 역학에서 측정의 주체는 결어긋남을 설명할 때 이야기했듯이 명확히 정해져 있다. 측정 대상을 제외한 우주 전체다. 양자 역학은 정보의 주관성 문제를 해결해 준다. 실라르드 엔진을 통해 물리에 들어오는 정보는 양자 측정에 의한 '객관적' 정보다.

양자 역학에서 정보가 갖는 중요성을 강조하기 위해 앞서 설명한 1998년 게르하르트 렘페의 실험을 다시 고려해 보겠다.[7] 이 실험에서는 이중 슬릿을 지나는 원자를 다룬다. 원자가 어느 슬릿을 지나는지 측정을 한다. 그러면 양자 중첩이 깨지고 간섭 무늬가 사라진다. 입자와 같이 행동했다는 뜻이다. 이제는 익숙한 내용이리라. 측정을 하려면 대개 대상에 빛을 쬐어야 한다. 그러면 빛이 대상을 교란하게 되어 간섭 무늬가 사라진다. 렘페는 원자가 지나는 슬릿을 알아내기 위해 기발한 방법을 사용한다. 원자의 내부 상태를 이용한 것이다.

원자는 보어의 이론이 말해 주듯이 불연속적인 에너지 상태를 가지고 있다. 불연속적인 상태의 개수는 무한히 많지만 그 가운데 2개만 고려하여 A, B라고 하자. 원자가 이중 슬릿을 지나는 전후에 원자의 내부 상태를 적당히 조작해 주면 오른쪽 구멍을 지난 전자는 상태 A, 왼쪽을 지난 원자는 상태 B에 있게 만드는 것이 가능하다. 원자가 지나는 구멍의 위치와 내부 상태가 양자 역학적으로 얽힌 것이다. 이렇게 원자의 내부 상태를 조작하는 데에도 빛이 필요하지만, 이것에 의해 원자가 받는 교란은 충분히 작게 만드는 것이 가능하다.[8] 그렇다면 대상에 사실상 교란을 가하지 않는 측정을 한 셈이다. 물리적으로는 보지 않고 본 것이나 다름없다. 이 경우 간섭 무늬는 어떻게 될까?

사실상 교란을 하지 않았으니 간섭 무늬가 나올 것이라 생각할 수도 있고, 교란 여부와 상관없이 원자가 지난 구멍의 위치를 알았으니 간섭 무늬가 사라져야 한다고 생각할 수도 있다. 이제 우주가 답해 줄 차례다. 직접 실험을 해 봐야 안다는 이야기다. 실험을 해 보니 간섭 무늬가 사라졌다. 결국 측정에서 중요한 것은 교란 여부가 아니라 정보라는 것이다. 전자가 어느 구멍을 지났냐는 정보만 얻어지면 원자는 입자같이 행동한다. 결국 양자 역학의 측정은 오직 정보만을 고려하는 듯 보인다.

양자 역학에서 정보의 중요성을 보여 주는 또 다른 예로 휠러가 제안한 '지연된 선택(delayed choice) 실험'이 있다. 실험의 자세한 내용은 어려우니 그 결과가 갖는 의미에 집중하겠다. 전자는 입자이면서 파동이다. 입자라면 한 순간 한 장소에 있어야 하지만 파동이라면 동시에 두 장소에 있을 수 있다. 측정하지 않으면 전자는 파동으로 행동하고, 측정하는 순간 입자가 된다. 따라서 전자가 2개의 구멍을 지났다면 이미 파동이나 입자로서의 성격을 결정했다는 뜻이다. 동시에 지났거나 하나만을 지났을 테니 말이다. 지연된 선택 실험은 이런 예상이 틀렸음을 보여 준다. 마지막 순간에 당신이 특별한 실험 장치를 추가하면 결과를 입자 혹은 파동으로 만들 수 있다.

전자가 입자, 파동 중에 하나로 결정되는 것은 구멍을 지날 때가 아니라 내가 추가로 장치를 달지 말지를 결정할 때라는 것이다. 이것은 상식적으로 봤을 때 이상하다. (물론 양자 역학은 언제나 이상하다.) 동시에 두 구멍을 지났느냐, 하나의 구멍만을 지났느냐는 구멍을 지날 때 결정되었어야 하지 않을까? 그렇지 않다. 입자성과 파동성은 전자가 둘로 나뉠 때가 아니라 측정할 때 결정된다. 여기서 아인슈타인의 질문이 떠오를 것이다. "달을 보지 않으면 달은 없는 것인가?" 측정이 있기 전에는 아무것도 없다. 아니 측정이 대상을 만든다.

정리해 보자. 실라르드 엔진에 따르면 정보를 이용하여 일을 할 수 있다. 일은 에너지다. 에너지는 물리의 모든 것이다. 정보는 에너지와 직접적으로 연결된 물리적 실체다. 여기서 말하는 정보란 양자 측정으로 얻어진 객관적인 것이다. 양자 역학은 상태를 기술한다. 보어는 정상 상태를 도입해 양자 역학의 문을 열었다. 양자 역학을 통해 우리가 알 수 있는 것은 상태를 얻을 확률이다. 확률은 정보로 정량화된다. 이처럼 양자 역학은 기본적으로 정보를 기술하는 형태로 되어 있음을 알 수 있다. 렘페의 실험은 양자 역학의 측정에서 중요한 것은 오직 정보라는 것을 보여 준다. 휠러의 지연된 선택은 입자성과 파동성을 결정하는 것이 추가적 측정 여부, 즉 추가 측정의 정보임을 보여 준다. 이것은 양자 역학에서 측정이 대상 자체를 만든다는 말이 과장이 아님을 보여 준다. 결국 양자 역학으로 바라본 우주에서 가장 중요한 것은 정보라는 결론에 도달하게 된다. 물론 이것은 논리적으로 명확한 귀결이라기보다 그럴듯한 추론 정도에 불과하다는 것을 밝혀 둔다.

스무고개라는 게임이 있다. 한 사람이 단어 하나를 머릿속에 생각하고, 다른 사람이 20번의 질문을 통해서 그 단어를 맞추는 것이다. 휠러는 양자 역학을 답이 없는 스무고개에 비유했다. 질문을 받으면 아무 답이나 한다. 다만, 앞에서 한 대답과 모순이 없는 대답을 해야만 한다. 대답들이 쌓이면서 하나의 개념으로 답이 수렴해 간다. 답이 미리 존재하는 것이 아니고, 질문을 통해 답을 만들어 가는 것이다. 20개의 질문이 모두 끝나면 질문과 답의 목록과 이로부터 추론되는 가장 그럴듯한 답을 얻는다. 스무고개의 질문을 양자 역학의 측정이라 볼 수 있다. 대답은 측정을 통해 얻은 정보다. 실제 양자 우주에서 우리가 얻을 수 있는 것은 이것뿐이다. 그렇다면 우주에 실체나 본질은 없다. 질문과 답, 측정과 정보만이 있을 뿐이다.

안톤 차일링거는 이렇게 말한다.

우리가 가진 모든 것은 정보이다. 이것은 우리의 감각 인상이며, 우리가 제기한 질문에 대한 대답들이다. 실재는 그다음에 오는 이차적인 것이다. 실재는 우리가 얻는 정보로부터 도출된다.

이런 이야기가 이상하다고 느껴지면 당신은 정상이다. 아직 물리학자들조차 '정보 우주'가 정확히 뭔지 모르고 있다. 실험적 증거가 없음은 말할 것도 없다. 하지만 양자 역학의 모든 미스터리는 우리를 평행 우주나 정보 우주와 같은 기괴한 결론으로 이끈다.

퀀텀 하이쿠!¹

전자경로에

중첩을만들다가

봄을당했네

전夏두개에

얽힘을만들다가

들켜버렸네

冬일상태의

페르미온두개는

서로미워해

유秋하지마

경험언어직관이

안통하니까

에필로그
양자 역학 사용 설명서

　　당신은 이제 양자 역학이 무엇을 하는 학문인지 대충 알게 되었다. 핵심 개념은 무엇인지, 어떤 역사적 배경을 갖고 있는지, 그 응용은 무엇인지 등을 말이다. 하지만 여전히 양자 역학을 실제 사용한다는 것이 어떤 것인지는 감이 오지는 않을 것이다. 여기서는 간단한 예를 들어 양자 역학을 실제 사용하는 과정을 들여다보자. 앞에서 했던 설명도 다시 해 가며 진행할 테니 천천히 따라와 주시기 바란다. 이 책의 내용을 정리하는 기회도 될 것이다. 수식을 쓰는 것은 어쩔 수 없다. 실재가 그러니까.

1. 사용 전 주의 사항

양자 역학은 어렵다. 이 글을 읽으며 어렵다는 느낌이 들지 않으면 뭔가 잘못된 것이다.[1] 간혹 양자 역학을 한 번에 술술 이해하는 사람이 있기는 하다. 그렇다면 이론 물리학을 전공하거나 정신 병원에 가야 한다. 대개는 후자다.

2. 제품의 기본적 이해

모든 것은 원자로 되어 있다. 양자 역학은 원자를 설명한다. 결국 양자 역학은 모든 것을 설명한다. 모든 것을 이해하려는 학문이 철학이다. 철학은 오래전부터 이런 질문을 던져 왔다. 세상은 무엇으로 되어 있나? 세상은 어떻게 움직이는가? 플라톤은 창조주가 세상을 물, 불, 흙, 공기로 만들었다고 주장했다. 아리스토텔레스는 움직이는 물체는 결국 정지한다는 운동 법칙을 제시했다. 갈릴레오의 근대 과학은 아리스토텔레스의 운동 법칙이 틀렸음을 깨닫는 것에서 시작됐다. 등속으로 움직이는 물체는 외력이 없으면 영원히 등속으로 움직인다. 바로 관성의 법칙이다.

갈릴레오의 운동 법칙을 수학으로 쓴 사람이 뉴턴이다. 뉴턴은 운동 법칙을 수학적 엄밀성의 경지에 올려놓았다. 이제 자연 법칙은 유클리드 기하학과 같은 공리 체계의 모습을 갖게 되었다.[2] 모든 자연 현상은 뉴턴 역학의 공리로부터 연역적으로 설명될 수 있다. 아니, 우주는 뉴턴 역학에 따라 움직인다. 뉴턴 역학이 달의 움직임을 설명하는 것이 아니라, 달은 뉴턴 역학이 정해 준 궤도를 따라 움직여야 한다! 달의 궤도, 아니 달의 미래는 이미 결정되어 있다는 것이다. 바로 과학적 결정론이다.

　뉴턴 역학은 "세상은 어떻게 움직이는가?"에 대한 답이다. 그렇다면 "세상은 무엇으로 되어 있나?"에 대한 답은 무엇일까? 플라톤의 주장은 틀렸다. 답은 원자다. 그렇다면 원자는 어떻게 움직이는가? 원자도 세상의 일부니까 "뉴턴 역학에 따라 움직여야 한다." 그렇다면 우리에게 양자 역학은 필요 없다. 하지만 뉴턴 역학으로 원자를 이해할 수 없다는 것이 문제다. 뭔가 잘못된 것 같다. 세상 모든 것은 원자로 되어 있고, 세상은 뉴턴 역학으로 기술되는데, 원자는 왜 뉴턴 역학으로 기술되지 않을까? 잘못된 것 맞다. 아직도 우리는 왜 원자는 양자 역학, 세상은 뉴턴 역학으로 기술되는지 완전히 이해하고 있지 않다. 더구나 양자 역학과 뉴턴 역학은 서로 근본적으로 다르다.

　원자는 아주 작다. 눈에 보일까 말까 하는 모래알 하나조차 50,000,000,000,000,000,000개의 원자로 구성된다. 뉴턴 역학은 자동차나 달과 같이 원자보다 훨씬 큰 물체를 대상으로 한다. 사실 원자가 사는 세상은 우리가 한번도 경험해 본 적 없는 영역이다. 우리의 경험에 근거한 직관이 통하리라 기대하는 게 착각일지도 모른다. 그럼 이제 심호흡을 하고 원자의 세상, 양자 역학의 세계로 뛰어들어 보자.

3. 이 제품을 써야 하는 이유

가장 간단한 경우를 고려해 보자. 널빤지 2개가 있고, 그 사이를 공 하나가 오가고 있다. 공이 한쪽 널빤지에 부딪히면 튕겨 다른 널빤지로 되돌아간다. 그러면 또 널빤지에 부딪혀 되돌아간다. 부딪힐 때 공의 운동 방향만 바뀔 뿐 속력은 바뀌지 않는다. 마찰이 없다면 공은 일정한 속도로 영원히 움직인다. 100년 뒤에 보아도 지금과 차이를 느낄 수 없을 것이다. 정말 지루한 상황이다.[3]

뉴턴 역학에서 중요한 것은 속력, 위치, 에너지, 세 가지다. 우선 공의 속력은 일정하니까 그냥 처음에 주어진 값으로 변치 않고 유지된다. 에너지는 운동 에너지밖에 없다.[4] 운동 에너지 공식은 아래와 같다.

$$E = \frac{1}{2}mv^2.$$

여기서 m은 공의 질량, v는 공의 속력이다. 속력은 어떤 값이든 될 수 있으니 에너지도 어떤 값이든 가능하다. 이런 당연한 걸 왜 이야기할까? 조금만 기다려 보시라.

공이 일정한 속력으로 널빤지 사이를 오가고 있으므로 어느 순간 위치를 알면 이후의 위치를 시간의 함수로 완벽하게 알 수 있다.[5] 이제 좀 이상한 것을 해 보자. 공이 움직이는 동안 수백 장의 사진을 찍어 공이 발견될 위치의 빈도를 조사해 보면 어떻게 될까? 위치를 완벽하게 알고 있는데, 미치지 않은 다음에야 이런 일을 할 사람은 없다. 아무튼 굳이 해 보면 모든 장소에서 발견될 확률이 똑같다. 공이 여기저기서 매우 고르게 발견된다는 말이다. 일정한 속도로 왔다 갔다 하고 있으니 당연하다. 여기까지가 뉴턴 역학의 결과다. 예상한 대로 흥미로운 점이라고는 하나도 없는 지루한 예다.

자, 이제 이 문제를 양자 역학으로 다뤄 보자. 널빤지 사이의 거리가 10나노미터 정도(머리카락 굵기의 1,000분의 1) 되고, 공 대신 '원자'를 넣으면 양자 역학을 고려해야 한다.[6] 널빤지를 어떻게 만들지는 나중에 생각하자.[7] 원자에 대해 아직 자세히 이야기하지 않았지만 질량을 가진 단단한 '물체'에 불과하다. 그러니 앞서 설명한 공과 다를 바 없다. 원자는 처음 주어진 속력으로 널빤지 사이를 영원히 왔다 갔다 할 것으로 예상된다. 하지만 원자는 전혀 다르게 행동한다. 아니, 행동이라는 말 자체가 무색하다. 지금부터 정신 단단히 차려야 한다.

우선 원자는 일정한 속력을 갖지 않는다. 원자의 속도를 측정하면 값이 들쭉날쭉 나온다는 말이다. 예를 들자면, 속도를 측정해 보니 시속 10킬로미터였는데, 다시 측정하면 시속 13킬로미터, 또 하면 시속 18킬로미터, 이런 식이라는 것이다. 속도가 이 모양이니 위치를 정확히 예측하는 것도 불가능하다. 사진을 찍어서 위치에 따른 발견 확률을 조사해 보면 어떨까. 황당하게도 원자는 고르게 발견되는 것이 아니라 주로 상자의 중앙에서 자주 발견된다. 널빤지에 가까워질수록 발견 확률은 낮아진다. 원자는 왜 중앙을 좋아할까?

다행히 원자의 에너지는 일정하다. 측정하여 에너지가 정해지면 그 후의 모든 측정에서 얻어진 에너지 값은 같다. 하지만 측정으로 얻는 에너지 값에는 제약이 있다. 예를 들어, 1줄[8], 2줄, 3줄 같은 값은 가능하지만, 1.5줄, 1.8줄 같은 값들은 절대로 가질 수 없다는 말이다.

이게 얼마나 이상한 상황인지 비유로 설명하겠다. 당신이 어떤 나라를 방문했는데 키가 정확히 150센티미터, 160센티미터, 170센티미터, 180센티미터인 사람만 살고 있다. 예를 들어 156센티미터의 키를 가진 사람은 없다. 이게 말이 되나? 키가 160센티미터가 되려면 150센티미터에서 점점 커져서 160센티미터가 되었을 테니 그 중간 크기의 키를 갖는 사람이 반드시 존재해야 한다. 원자의 에너지도 마찬가지일 터다.

양자 역학에 따르면 거리 L의 널빤지 사이에 갇힌 원자는 아래의 공식으로 주어지는 에너지 값만 가질 수 있다.

$$E = \frac{h^2}{8mL^2} n^2.$$

여기서 눈여겨볼 것은 n이다. n은 1, 2, 3, …과 같은 자연수다. 띄엄띄엄한 에너지만 가능하다는 말이다. 왜 이런 에너지만 가능할까? 위치나 속도는 제멋대로 변하는데, 에너지는 왜 안 변할까? 원자의 위치나 속력을 알려 주는 공식은 없을까? 원자는 왜 중앙에서 더 자주 발견될까? 이 정도만 해도 양자 역학이라는 제품을 사야 하는 이유는 넘치고도 남는다. 이런 모든 의문에 대한 답을 찾는 것은 잠시 접어두고, 일단 양자 역학을 어떻게 사용하는지부터 알아보자.

4. 눈 딱 감고, 한번 사용해 보세요

제품 사용에 대한 간단한 소개다. 이유 따위는 침대 밑에 숨겨 놓고 무조건 따라오시기 바란다. 생각이 많으면 다친다.

원자는 파동과 같이 행동한다. 물 위에 돌멩이를 떨어뜨리면 물 표면에 동심원의 파동이 퍼져나간다. 원자는 바로 이런 식으로 행동한다. 그렇다고 원자가 물결같이 출렁출렁 움직인다는 말은 아니다. 단지 파동의 '성질을 갖는다.'는 뜻이다. 당신이 배우 송중기같이 행동한다고 해서 송중기가 아닌 것과 비슷하다. 널빤지 2개로 둘러싸인 공간에서 파동을 만들면 파동은 아주 특별한 행동을 하게 된다. 정확히 말해서 파동이 가질 수 있는 형태에 제약이 생긴다. 파동은 사인함수의 형태로 기술되는데, 울렁거리는 모양의 반복이 그 특징이다. 모양이 반복되는 거리를 '파장'이라 부른다.[9]

호수 표면에 만들어진 동심원의 파동을 생각해 보자. 여기서 파장이란 인접한 두 동심원 사이의 거리가 된다. 파장이 짧을수록 파동이 촘촘해진다. 널빤지 사이에 갇힌 파동의 파장 λ는 널빤지 사이의 거리 L의 두 배를 n으로 나눈 값만 가질 수 있다. 말이 복잡하지만 수식으로 쓰면 다음과 같이 깔끔하다.

$$\lambda = \frac{2L}{n}.$$

n은 앞서 나왔던 1, 2, 3, … 같은 자연수다. 이 식은 모든 파동에 적

용된다. 양쪽이 고정된 줄이 진동하며 만드는 파동도 이 식을 피할 수 없다. 현악기에서 손가락으로 짚는 위치에 따라 음이 바뀌는 이유다.[10] 사실 이 공식의 존재를 처음 깨달은 사람은 고대 그리스 철학자 피타고라스였다. 음악에 수(數)가 숨어 있었던 것이다. 이 때문에 피타고라스는 세상이 수로 되어 있다는 철학을 설파한다.

파동이 뭔지 모르는 사람은 여기까지도 힘들었을 것이다. 하지만 진짜 어려움은 지금부터니까 정신 바짝 차려야 한다. 양자 역학에서 원자의 속력 v는 아래와 같은 공식을 만족시킨다.

$$mv = \frac{h}{\lambda}.$$

단순해 보이지만 드 브로이는 이 식을 제안한 공로로 1929년 노벨 물리학상을 받았다. 이 식이야말로 "원자가 파동같이 행동한다."라는 말의 의미를 수학적으로 정확히 보여 준다. 식의 왼쪽은 질량과 속력같이 입자의 성질을, 오른쪽은 파장같이 파동의 성질을 가지기 때문이다. h는 '플랑크 상수'라는 것으로 그냥 숫자에 불과하다. 여기서는 입자와 파동이라는 두 세계를 연결해 주는 역할을 한다.

이제 원자의 양자 역학적 에너지를 구하기 위한 모든 준비를 마쳤다. 뉴턴 역학에서 나온 에너지 식에 드 브로이 공식과 갇힌 파동의 조건을 모두 넣어 주면 에너지를 구할 수 있다.[11]

정리해 보자. 첫째, 원자는 파동과 같이 행동한다. 드 브로이의 공식이 성립한다는 말이다. 즉 원자의 속력은 파장과 관련된다. 둘째,

널빤지 사이에 갇힌 원자는 널빤지 사이에 갇힌 파동과 같이 행동한다. 이런 파동은 띄엄띄엄한 파장만 가질 수 있다. 원자의 에너지 공식도 뉴턴 역학의 형태를 갖는다고 가정하자. 다만, 첫째 이유 때문에 속력이 파장으로 주어질 뿐이다. 더구나 둘째 이유 때문에 파장은 띄엄띄엄한 값만 갖는다. 결국 에너지도 띄엄띄엄한 값만 허용된다.

5. 이 제품에 숨겨진 비밀
(경고: 이해하려고 지나치게 노력하면 우울증이 올 수도 있음)

널빤지 사이에 갇힌 원자는 띄엄띄엄한 에너지를 갖는다. 원자가 파동과 같이 행동하기 때문이다. 무작정 사용해 본 양자 역학의 첫 번째 결론이다. 실제 원자를 이런 상황에 두고 에너지를 측정해 보면 앞서 수식으로 구한 띄엄띄엄한 값만 나온다. 자, 이것으로 만족스러운가? 물론 아닐 것이다. 원자는 실제(!) 어떻게 운동하고 있는 걸까? 널빤지 사이를 왔다 갔다 하고 있나? 에너지가 띄엄띄엄하다는 것은 무슨 말인가? 하나의 에너지에서 다른 에너지로 에너지가 변할 때 중간 단계 없이 어떻게 변한다는 말인가?

양자 역학은 이런 질문에 제대로 답을 못한다. 그렇다면 양자 역학은 불완전한가? 아니다. 양자 역학의 표준 해석에 따르면 질문이 잘못된 것이다.[12] 우리가 경험하는 세상에서 당연한 것이 원자 세계에서도 그러리라는 법은 없다. 뭐가 이렇게 어려울까. 그냥 원자의 위치를 시간에 따라 계속 추적하면 되는 것 아닌가? 이게 안 된다는 게 문제다. 이제 숨겨둔 비밀을 말할 때가 온 것 같다. 원자를 측정하면 그 상태가 변한다. 내가 원자를 보면 원자의 위치가 무작위로 바뀐다는 말이다.

비유를 들어 보자. 상자 안에 유리잔 10개가 아슬아슬하게 쌓여 있다. 살짝만 건드려도 무너져 깨질 상황이다. 당신은 상자 안을 볼 수 없다. 손을 넣어 더듬어서 유리잔의 배치를 알아내야 한다. 손이 유리잔에 닿는 순간 위치에 대한 정보를 조금 얻겠지만 유리잔은 산산조각난다. 원자의 상태가 이것과 비슷하다. 우리가 원자를 보는 행위 자체가 원자의 상태를 바꾼다. 위치와 속력이 정확히 이런 상황이다. 위치를 알 수는 있지만 위치를 아는 순간 원자의 속도가 바뀐다.

잠깐만. 그렇다면 에너지를 측정해도 상태가 변하는 것 아닌가? 에너지를 측정하면 상태가 결정된다. 갇힌 원자의 에너지는 띄엄띄엄하다. 띄엄띄엄한 것을 물리학에서는 자연수 n으로 나타낸다. n은 1, 2, 3, …과 같은 자연수다. 사실 n은 에너지뿐만 아니라 상태도 표시한다. 실제 양자 역학에서 $n=1$ 상태, $n=2$ 상태라는 표현을 사용한다. 일단 상태가 정해지면, 다시 에너지를 측정해도 상태는 변하지 않는다. 위치와 속력은 측정할 때마다 값이 변한다. 하지만 에너지는 예외다. 그래서 양자 역학으로 문제를 풀 때 제일 먼저 할 일은 에너지를 구하는 것이다.

위치를 측정할 때마다 상태가 변한다면 원자는 대체 어디에 있단 말인가? 사용 설명서에서 원자의 위치에 대한 심오한 철학적 문제를 다룰 생각은 없다. 궁금한 사람은 이 책을 처음부터 읽어 보시라. 사용 설명서를 읽는 실용적인 자세로 다시 돌아오자. 측정할 때마다 위치가 제멋대로 변한다면 우리는 무엇을 해야 하는가? 이것은 주사위를 던지는 상황과 비슷하다. 그렇다. 확률을 알아봐야 한다. 원자가 특정 위치에서 발견될 확률 말이다. 이미 이야기했듯이 원자는 중앙에서 주로 발견된다. 이것은 다시 파동으로 이해할 수 있다. 기타 줄이나 바이올린 줄을 퉁겨 보면, 양쪽 끝은 고정된 채로 가운데 부분이 진동하는 것을 볼 수 있다. 줄이 진동하는 크기를 '변위'라 한다. 줄 중앙의 변위가 가장 크고, 끝으로 갈수록 점점 작아져서 끝에서는 변위가 0이 된다. 즉 원자가 특정 위치에서 발견될 확률은 파동의 변위와 관련된다고 추론할 수 있다.

정리해 보자. 측정은 대상에 영향을 준다. 이 때문에 위치나 속력 같은 것을 정확히 알 수 없고 확률만을 알 수 있다. 원자는 파동과 같이 행동한다. 파동의 파장에 대한 조건이 에너지를 결정하고, 파동의 변위가 위치의 확률을 준다. 결국 양자 역학을 사용한다는 것은 원자의 파동을 결정하는 것이다. 여기서는 널빤지 사이에 갇힌 파동을 고려해 보았다. 이 경우 파동은 단순한 사인 함수 형태로 주어지지만, 일반적인 경우 원자의 파동을 기술하는 미분 방정식, 즉 슈뢰딩거 방정식을 풀어야 한다.[13]

6. 초간단 사용법

1. 파동 방정식을 푼다. 그러면 에너지와 파동 함수를 한 쌍으로 얻게 된다. 대개 에너지는 띄엄띄엄하다. 이렇게 얻은 에너지만 원자에게 허용된다. 원자는 이것과 다른 에너지를 결코 가질 수 없다.
2. 실제 측정을 하면 원자는 1에서 구한 에너지 가운데 하나의 특정한 값을 갖는다. 그러면 그에 대응하는 파동 함수도 정해진다.
3. 파동 함수의 변위는 원자의 위치를 측정했을 때 발견하게 될 확률을 준다.

7. 고급 사용자를 위한 팁: 도약과 중첩

다시 널빤지 사이의 원자다. 원자가 가질 수 있는 에너지가 편의상 1줄, 4줄, 9줄, …로 띄엄띄엄하다고 하자. 1줄의 상태에 있는 원자에 아무 짓도 안 하면 영원히 1줄의 상태에 있을 것이다. 만약 외부에서 에너지를 주면 어떤 일이 일어날까? 공이라면 막대기로 쳐 준다는 말이다. 그러면 공의 에너지는 커진다. 하지만 원자는 다르다. 외부에서 에너지를 준다고 항상 받을 수 있는 것은 아니다. 외부에서 준 에너지의 크기가 2줄이라고 하자. 이 에너지를 원자가 받으면 최종적으로 에너지는 3줄이 되어야 한다. 하지만 3줄의 에너지는 원자에게 허용되지 않는다! 따라서 2줄의 에너지로 아무리 원자를 때리고 건드려도 원자의 상태는 변하지 않는다. 1층에서 2층으로 점프해야 하는 사람에게 0.5층을 뛸 수 있는 능력은 쓸모없는 것과 비슷하다.

1줄 상태의 원자가 받을 수 있는 에너지의 크기는 3줄이다. 그래야 4줄의 (허용된) 상태로 변화할 수 있다. 2.9줄이나 3.1줄은 안 된다. 이 단순한 사실이 물질의 색깔을 설명한다. 금속 나트륨을 가열하면 노란색을 낸다. 나트륨 원자가 노란빛이 갖는 에너지만 흡수·방출하기 때문이다. 레이저나 LED가 특정한 색의 빛만 내는 이유도 이와 같다. 1줄 상태의 원자가 4줄로 될 때 어떤 일이 벌어질까? 1줄과 4줄 사이의 중간 상태를 갖는 것은 불가능하므로 1줄에서 4줄로 단박에 건너뛰어야 한다. 이건 우리의 경험에 위배된다. 설명할 방법이 없다는 말이다. 그래서 '양자 도약'이라는 새로운 용어가 도입되었다. 말장난 그만하고 구체적으로 무슨 일이 일어나고 있는지 말해 달라고 하면, 다시 처음으로 갈 수밖에 없다. 양자 역학은 어렵다. 질문이 틀린 것이다. 알려고 하면 다친다.

이것은 아무것도 아니다. 양자 역학은 원자가 1줄과 4줄의 상태에 동시에 있는 것도 허용한다. 지금까지 숨겨 온 양자 역학의 두 번째 비밀이다. 이게 말이 되나? 동시에 두 상태에 있다니. 한 사람이 1층과 2층에 동시에 있는 격이다. 역시 설명할 방법이 없다. 그래서 다시 새로운 용어가 도입된다. 이번엔 '양자 중첩'이다. 막상 에너지 측정을 하면 1줄의 상태 혹은 4줄의 상태, 둘 중의 하나의 상태에만 있게 된다. 그렇다면 왜 중첩 상태에 있다고 하는가? 안타깝지만 사용 설명서에서 다루기는 힘든 내용이다. 하지만 힌트를 주겠다.

원자는 측정하기 전에 여기저기 존재한다. 마치 1줄과 4줄의 상태에 동시에 있는 것과 같다. 따라서 여기저기 있다는 것은 여러 위치들의 중첩 상태라 할 수 있다. 중첩 상태를 측정하면 특정 위치에서만 발견된다. 이때 위치의 확률만을 알 수 있다고 했다. 파동 함수의 변위가 확률 값을 준다. 이처럼 양자 역학의 측정과 관련한 모든 기이한 일들의 근원은 중첩에 있다. 측정은 중첩된 여러 상태들 가운데 하나의 상태로 결정되는 과정이다.

이제 양자 역학이 어떻게 작동되는지 조금 느낌이 오지 않는가? 여전히 잘 모르겠다면 안심하시라. 당신은 정상이다.

8. Q&A

(주의: 분노를 느낄 수 있음)

Q: 원자는 어디 있나요?

A: 모릅니다. 질문이 틀렸어요.

Q: 양자 역학은 뭐하는 학문인가요?

A: 원자를 설명하죠.

Q: 그럼 원자는 어디 있나요?

A: 모른다니까요!

Q: 원자가 어디에 있는지도 모르는데 원자를 설명한다고요?

A: 질문이 틀렸다니까요!

감사의 말

불행이 계속 될 때, 물리학자들의 심리 변화다. 1단계, 행복 제1법칙이 있다고 생각하며 버틴다. 열역학 제1법칙에 따르면 에너지는 보존된다. 2단계, 불행 제2법칙이 있는 것은 아닌지 의심하기 시작한다. 열역학 제2법칙에 따르면 엔트로피는 증가하기만 한다. 3단계, 지금의 불행한 상태가 행복한 상태와 양자 중첩 상태에 있는 것은 아닌지 고민하기 시작한다. 이제 미치기 시작했다고 보면 된다. 4단계, 다른 평행 우주에서는 행복할 나를 생각하며, 이 우주는 포기한다. 그리고 고양이를 키우기 시작한다. 고양이의 생사 여부에는 관심 없다.

글을 쓰는 것은 불행한 일이다. 아이디어를 쥐어짜다 보면 일본의 속담처럼 고양이 손이라도 빌리고 싶은 심정이 된다. 고양이의 생사 여부는 상관없다. 오죽하면 내가 아니라 마감이 글을 쓴다는 말이 있겠나. 이 책은 《과학동아》의 「양자 역학 좀 아는 척」 코너에 1년간 연재한 칼럼을 바탕으로 만들어졌다. 하지만 책이 되기에 턱없이 부족한 분량이어서 사실상 3배 이상으로 증식시켜야 했다. 마감 있는 글쓰기는 고양이 손이라도 필요하다지만 결국 끝이 있다. 하지만 마감 없는 글쓰기는 시시포스의 작업과 비슷하다. 도무지 끝이 보이지 않는다. 나의 돌 굴려 올리기를 멈추는 데 도움을 주신 (주)사이언스북스 편집부에 감사드린다. 아르데코풍의 멋진 삽화를 그려 주신 토끼도둑 이원희 작가에게도 감사드린다. 《과학동아》에 지면을 허락해 준 김상연 당시 편집장과 당시 편집을 맡았던 김선희 기자에게 감사의 말을 전한다. 이 책의 일부는 《스켑틱》에 연재한 「이상한 나라의 양자 세계의 물리학자」 코너에 실린 글이기도 하다. 박선진, 김은수 편집자에게도 감사의 말을 전하고 싶다.

필자가 부산 대학교에 교수로 임용된 첫해, 남들이 꿈도 꾸지 못할 연구비 신청 주제가 있었다. 일반인을 위한 양자 역학 교육 과정 개발! 물론 주변의 비웃음을 받으며 이내 포기했다. 그런 주제에 연구비를 줄 리가 없다는 현실적 문제와 함께, 그 목표 자체가 도달 불가능하다는 의견이 지배적이었던 것이다. 하지만 당시나 지금이나 나는 이 세상을 이해하려면 양자 역학을 알아야 한다고 생각한다. 더구나 철학을 포함하여 학문을 하는 사람이라면 양자 역학은 필수다. 물질의 근원에 대한 의문은 철학자 탈레스까지 거슬러 올라간다. 그가 남긴 "만물은 물로 되어 있다."는 서양 철학의 가장 오래된 문장이 아니던가. 이제 우리는 안다. 만물은 원자로 되어 있다. 양자 역학은 원자를 설명하는 이론이다.

글을 쓰는 것은 행복한 일이다. 결국 나의 꿈이 글쓰기로 실현되었으니까. 아니 그러길 기원한다. 그동안 내가 생각해 오던 쉬운 양자 역학, 일반인을 위한 양자 역학의 대부분을 이 책에 집어넣었다. 물론 최종 교정을 보다 보니 아쉬운 곳이 보이지만 "더 넣을 내용을 찾기보다 들어낼 내용을 찾으라."는 내 과학 글쓰기 원칙을 지키기로 했다. 아쉬운 부분은 미래의 일로 남겨 두련다.

사실 이 책을 집필하며 『과학하고 앉아 있네』 3, 4권을 의식하지 않을 수 없었다. 『과학하고 앉아 있네』 3, 4권은 필자가 팟캐스트에서 양자 역학에 대해 강연한 것을 녹취하여 만든 것이다. 동일한 주제를 다루는 것이다 보니, 이 책과 핵심적인 내용은 일부 겹칠 수밖에 없다. 하지만 한순간 휘발되어 사라지는 구술 기록물과 각 잡고 앉아서 빡빡하게 쓴 문자 기록물은 글의 맛과 향과 깊이가 다를 수밖에 없다. 이미 『과학하고 앉아 있네』 3, 4권을 읽은 사람도 유익하도록 이 책을 썼다. 또 자유 의지와 관련한 부분은 『김상욱의 과학 공부』와 일부 겹친다. 하지만 조금 다른 맥락과 방식으로 이야기를 전개하고 있다.

나를 '양자 역학의 세계'로 이끈 것은 『양자 역학의 세계』라는 한 권의 책이었다. 저자 가타야마 야스히사에게 감사한다. 대학교 때 배운 양자 역학은 나에게 혼란의 연속이었다. 그런 나를 깨우쳐 준 것은 폴 에이드리언 모리스 디랙이 쓴 『양자 역학의 원리(*The Principles of Quantum Mechanics*)』와 사쿠라이 준의 『현대 양자 역학(*Modern Quantum Mechanics*)』이었다. 하늘에 계신 두 분께 감사한다. 결어긋남 이론은 보이치에흐 주렉의 연구로부터 알게 되었고, 게르하르트 렘페의 논문은 양자 측정에서 정보의 중요성을 일깨워 주었다. 내 박사 학위 논문 주제인 양자 카오스 분야의 선구자이자 이제 절친한 친구이기도 한 1943년생 줄리오 카사티에게도 감사의 말을 전한다. 물리하는 방법만 아니라 태도까지 가르쳐 주신 박사 학위 지도 교수님이신 이해웅 교수님께도 감사드린다.

끝으로 이토록 기이한 양자 역학을 만들고 발전시켜 온 선배 및 동료 물리학자들 모두에게 감사의 말을 전한다. 세상에서 가장 정확하고 아름답고 심오한 학문을 만들어 주어 고맙다고.

김상욱의 양자 공부

더 읽을거리
양자 세계를 여행하는 히치하이커를 위한 가이드

　먼저 이 목록이 지극히 개인적일 수 있다는 점을 미리 밝혀 둔다. 일단 내가 읽지 않은 책은 고려 대상에서 제외했기 때문에, 여기서 소개되지 않았다고 해서 시원치 않은 책은 아니란 말이다.

　내가 양자 역학과 처음 만난 것은 고등학생일 때다. 아버지께서 사 오신 문고판 『4차원의 세계: 초공간에서 상대성 이론까지』(쓰즈키 다쿠지, 김명수 옮김, 전파과학사, 1976년)를 뒤적이다, 휘어지는 시공간보다 더 기이한 것이 있다는 것을 알게 된 것이다. 양자 세계에서는 야구공이 동시에 1루에도 있고 2루에도 있다는 것인데, 책의 편집도 조악했거니와 내용도 황당해서 심각하게 받아들이지는 않았다.

　그러던 어느 주말, 여느 때처럼 광화문 교보문고의 과학 서적 코너를 뒤적이다가 『양자 역학의 세계: 처음으로 배우는 사람을 위하여』(가타야마 야스히사, 김명수 옮김, 전파과학사, 1979년)란 책을 발견하게 된다. 이때 나의 인생이 결정되었다고 보아도 무방하다. 아마 이 책을 30번은 읽었을 것이다. 보고 또 보고. 지금도 왜 그랬는지 모른다. 하이젠베르크가 단일 슬릿 옆에서 춤추며 불확정성 원리를 설명하는 그림은 어린 내 마음을 사로잡았고, 이후 지금까지 양자 역학을 이해하는 데에 내 삶을 바치고 있다. 물리학과에 진학해서도 양자 역학을 배우는 3학년까지 기다리느라 힘들었다. 여담이지만 이 책의 저자 가타야마 야스히사는 교토 대학교 물리학과 교수로 재직하며 유카와 히데키 교수와 '소영역(素領域)' 개념을 공동 연구했다. 유카와는 일본 최초의 노벨 물리학상 수상자다. 나를 사로잡은 책의 본문 삽화는 가타야마 교수의 스케치를 거의 그대로 그린 것이라고 한다. 교보문고의 '과학 > 물리학 > 양자 역학' 분야를 보면 『양자 역학의 세계』가 가장 오래된 책으로 나온다. 내가 바로 양자 역학 제1세대 독자였던 셈이다.

온전히 양자 역학만을 다룬 교양 서적이 생각보단 많지 않다. 양자 역학이 정립된 것이 1920년대 말이니까 양자 역학만을 설명하는 책은 이미 옛날에 나왔다. 양자 역학의 탄생에 지대한 공헌을 한 조지 가모브의 「톰킨스 씨 시리즈」는 1940년대에 출판된 것이다. 우리나라에서는 이 두 권이 합쳐져 『조지 가모브 물리 열차를 타다』(승영조 옮김, 승산, 2001년)라는 책으로 출간되었다. 조지 가모브는 1966년 『물리학을 뒤흔든 30년』(김정흠 옮김, 전파과학사, 1975년)도 썼는데, 이것은 양자 역학의 역사를 다룬 기념비적인 책이다. 하지만 여기서는 가급적 최근 책들을 소개하려고 한다.

양자 역학은 인간이 자연을 이해하는 방식을 완전히 바꾸었기 때문에, 이후 등장한 모든 첨단 과학의 출발점이 되었다. 따라서 첨단 물리학을 다루는 책들을 펼쳐 보면 대부분 양자 역학에 대한 소개에서 시작한다. 실제 이런 책들 가운데 양자 역학을 숨 막힐 만큼 아름답게 소개하는 책이 많다. 따라서 양자 역학을 주제로 하지 않았어도 목록에는 넣으려고 한다. 사실 첨단 물리학 책이 대중의 관심을 끈 것은 1988년 출판된 스티븐 호킹의 『시간의 역사』(현정준 옮김, 삼성이데아, 1988년)부터다. 지금까지 세계적으로 1000만 부 이상 팔렸다니 대박 난 책이다. 양자 역학의 교양 서적도 그 후부터 나오기 시작했다고 봐야 한다. 그 전의 책이 거의 없는 이유다.

양자 역학도 물리학의 한 부분이다. 양자 역학을 알기에 앞서 우선 물리학에 대한 기초부터 닦는 것이 순서다. 물리학이라는 것이 책 한 권으로 해결될 성질의 것은 아니지만, 한 권 읽을 시간도 없다고 하실 분들을 위해 『최무영 교수의 물리학 강의: 해학과 재치가 어우러진 생생한 과학 이야기』(책갈피, 2009년)를 권한다. 우리나라에 이 정도의 책을 쓸 수 있는 사람은 많지 않다. 개인적으로도 존경하는 서울 대학교 물리학과 최무영 교수님께서 교양 과정에서 강의한 내용을 정리한 책이다. 이제 본격적으로 양자 역학 책들을 살펴보자.

양자 역학을 제대로 이해하려면 역사적 측면부터 살펴보는 것이 좋다. 양자 역학이 탄생하는 역사적 맥락을 보지 않고서 이런 괴상한 결론에 도달하는 이유를 이해하긴 힘들기 때문이다. 실제 물리학과에서도 양자 역학을 배우기 전 '현대 물리'란 과목을 가르치는데,

학생들은 여기서 양자 역학의 탄생 비화를 배운다. 엄청난 수식으로 점철된 여타의 물리학과 과목과 비교하면 '현대 물리'는 역사를 배우는 다소 느슨한 과목이다. 양자 역학을 바로 배웠을 때 학생들이 받을 충격을 완화하기 위해서다. 이런 과목이 전 세계 물리학과 커리큘럼에 존재한다는 사실만 보아도 양자 역학이 얼마나 어려운지 알 수 있다.

양자 역학의 역사는 크게 두 부분으로 나눌 수 있겠다. 양자 혁명이 일어나서 코펜하겐 해석으로 마무리되는 전반기(1900~1930년), 그리고 벨 부등식(1964년)과 그 후 시작된 양자 정보 혁명(1990년~지금)을 아우르는 후반기다. 데이비드 린들리의 『불확정성: 양자 물리학 혁명의 연대기 그리고 과학의 영혼을 찾아서』(박배식 옮김, 마루벌, 2009년)는 하이젠베르크의 불확정성 원리를 중심으로 양자 역학 전반기의 역사를 정통적인 방법으로 소개한다. 양자 역학에 문외한인 사람에게 적합할 것이다. 『볼츠만의 원자: 물리학에 혁명을 일으킨 위대한 논쟁』(이덕환 옮김, 숭산, 2003년), 『물리학의 종말: 통일 이론의 신화』(김기대 옮김, 옥토, 1996년) 같은 다른 저작들만큼이나 아주 잘 쓰인 책이다. 특히 원자를 발견해 가는 초반의 역사 이야기는 전공자들에게도 나름 새로운 내용이어서 흥미롭다. 독자들은 양자 역학 전반기 역사의 주요 쟁점을 파악할 수 있을 것이다.

루이자 길더의 『얽힘의 시대: 대화로 재구성한 20세기 양자 물리학의 역사』(노태복 옮김, 부키, 2012년)는 사뭇 다른 전략을 취한다. 양자 역학의 역사가 드라마틱한 이유는 희대의 천재 보어와 아인슈타인이 그 이론의 핵심적인 내용을 두고 한 치의 물러섬 없는 전쟁을 벌였다는 점에 있다. 따라서 그 역사는 정밀 과학이라는 날실과 근본 철학이라는 씨실로 치밀하게 직조되어 있다. 이 때문에 인문학도들이 관심을 많이 가진다고 생각한다. 길더의 책은 이런 논쟁을 직접 엿보는 방식으로 이야기를 풀어 간다. 많은 자료로부터 양자 역학의 주역들이 직접 나누었을 법한 대화와 실제 역사를 재구성해 낸다. 나는 이런 방식에 열렬한 환호를 보냈지만, 아무래도 친절한 설명이 부족할 수밖에 없어 좀 어렵게 느껴질 수도 있겠다. 양자 역학이 무엇인지 조금이나마 들어 본 적이 있는 사람이 보면 좋을 듯하다. 이 책의 또 다른 장점은 후반기 역사에 책의 절반을 할애했다는 점이다. 이 부분의 역사는 의외로 널리 알려져 있지 않기 때문에 귀한 자료라 하겠다. 하지만 다소 난해하게 씌어졌다는 느낌도 준다. 아마도 저자가 비전문가라는 한계 탓이 아닌가 싶다.

　　짐 배것의 『퀀텀스토리: 양자 역학 100년 역사의 결정적 순간들』(박병철 옮김, 반니, 2014년)은 양자 역학의 역사를 빠짐없이 집대성한 책이다. 보통은 양자 역학의 탄생 비화를 다루고 마치는 경우가 많은데, 이 책은 2010년까지의 역사를 일관성 있게 기술한다. 한 권으로 양자 역학과 더불어 입자 물리학의 역사를 끝장 낼 사람을 위한 책이라 할 만하다. 뒤로 갈수록 난이도가 높아져서, 절반을 지나면서부터는 역사책임에도 브라이언 그린이 쓴 『우주의 구조』(박병철 옮김, 승산, 2005년)의 난이도를 넘나든다. (넘어가기도 한다는 점에 유의!) 하지만 앞부분은 웬만한(?) 사람이면 이해 가능하다. 물리학 관련 분야 전공자들도 재미있게 볼 수 있는데, 스핀의 발견 과정같이 널리 알려지지 않은 이야기까지 꼼꼼히 다루었기 때문이다. 입자 물리학의 역사를 포함하고 있다는 점을 빼면, 유사한 다른 책들과 비교해서 『퀀텀스토리』가 딱히 특별한 점은 없다.

만지트 쿠마르의 『양자 혁명: 양자 물리학 100년사』(이덕환 옮김, 까치, 2014년)야말로 기다리던 책이라 할 만하다. 누가 나에게 양자 역학 역사책 한 권만 추천해 달라면 주저 없이 이 책을 소개한다. 양자 역학 역사의 후반부보다 전반부를 다루는 데 대부분을 할애하고 있다. 특히 솔베이 회의의 진행 상황을 날짜별로 자세히 소개해 놓은 것이 흥미롭다. 물리학자가 봐도 재미있을 만큼 깊이와 재미를 모두 갖춘 보기 드문 책이다.

국내 저자의 책도 있다. 장상현의 『양자 물리학은 신의 주사위 놀이인가』(컬처룩, 2014년)다. 이 책은 역사를 따라가는 표준적 방법으로 양자 역학을 차분히 소개한다. 막스 플랑크에서 시작해 보어, 하이젠베르크, EPR 역설을 거쳐 핵물리, 나노과학, 디랙 방정식, 힉스 입자까지 광범위한 내용을 모두 다룬다는 점에서 『퀀텀스토리』와 비슷하다. 이 책은 안타깝게도 일반에 거의 알려지지 않았다. 나마저도 이 책의 존재를 알게 된 지 오래되지 않았으니 말이다.

이강영의 『불멸의 원자』(사이언스북스, 2016년)도 있다. "필멸의 물리학자가 좇는 불멸의 꿈"이라는 부제가 멋지다. 양자 역학에 얽힌 여러 가지 뒷이야기가 맛깔나게 펼쳐진다. 역시 책은 내용도 중요하지만 글맛도 무시할 수 없다. 이 책에서 이강영은 『LHC, 현대 물리학의 최전선: 신의 입자를 찾는 사람들』(사이언스북스, 2011년)로 2011년 한국 출판 문화상을 수상한 실력을 유감없이 발휘한다.

양자 역학의 전반기 역사에 등장하는 사람들을 모두 모으면 20세기 초반 노벨 물리학상 수상자 목록이 완성된다. 양자 역학과 관련한 위대한 인물들의 전기를 보아도 그 역사를 조망할 수 있다는 말이다. 양자 역학의 '양자'라는 개념을 처음 제안한 막스 플랑크의 전기인 에른스트 페터 피셔의 『막스 플랑크 평전: 근대인의 세상을 종식시키고 양자 도약의 시대를 연 천재 물리학자』(이미선 옮김, 김영사, 2010년), 양자 역학을 만든 하이젠베르크의 자서전 『부분과 전체』(김용준 옮김, 지식산업사, 1982, 1995, 2005년), 양자 역학의 가장 중요한 방정식을 만든 슈뢰딩거의 전기인 월터 무어의 『슈뢰딩거의 삶』(전대호 옮김, 사이언스북스, 1997년)을 읽어 보면 양자 역학의 역사가 훨씬 더 가깝게 다가올 것이다. 결국 과학도 인간이 하는 것 아니겠는가. 양자 역학의 확률적 해석을 제안했던 막스 보른과 이를 죽을 때까지 거부했던 아인슈타인이 주고받은 편지를 모은 『아인슈타인 보른 서한집』(구스타프 보른 외 엮음, 박인순 옮김, 범양사, 2007년)도 흥미롭다. 다만, 사적인 내용이 너무 많고 편지만 가지고 전체를 조망하기는 힘드니 마니아에게만 권하는 바이다. 양자 역학의 아버지 닐스 보어를 다룬 만화책도 있다. 짐 오타비아니가 쓰고 릴런드 퍼비스가 그린 『닐스 보어: 20세기 양자 역학의 역사를 연 천재』(김소정 옮김, 푸른지식, 2015년)가 그것이다. 만화책이라 우습게 보지 말기 바란다. 웬만한 책보다 뛰어나다.

역사를 파악했다면 이제 본격적으로 양자 역학의 핵심 개념들을 공부할 차례다. 양자 역학의 개념만 쉽고 꼼꼼히 설명한 책은 아직 보지 못했다. (그래서 내가 이 책을 쓴 것이기도 하다.) 하지만 앞서 언급한 대로, 양자 역학을 주제로 한 책은 아니지만 첨단 물리학을 설명하기 위해 기초 지식으로 양자 역학을 다룬 책들은 많다. 이 가운데 브라이언 그린의 책들은 단연 돋보인다. 양자 역학을 설명하는 『우주의 구조』의 4장과 7장, 『멀티 유니버스: 우리의 우주는 유일한가?』(박병철 옮김, 김영사, 2011년)의 8장은 정말 환상적이다. 물론 정신을 집중하고 읽지 않으면 무슨 말인지 모를 수 있다. 아인슈타인도 이해 못 한 내용을 다루는데 그 정도 각오는 하고 읽어야 한다. 코펜하겐 해석의 창시자 보어는 "양자 역학을 보아도 머리가 어지럽지 않다면 그것은 양자 역학을 이해하지 못한 것"이라고 했을 정도니 한 번에 이해 못했다고 포기하지 않기를 당부한다. 미치오 카쿠의 『평행 우주』(박병철 옮김, 김영사, 2006년) 6장도 비슷하나 내용이 좀 부족하고 따라서 좀 더 쉽게 느껴진다. 책 한 권을 온전히 양자 역학의 역사와 내용에 바친 최근 책으로 브루스 로젠블룸와 프레드 커트너의 『양자 불가사의』(전대호 옮김, 지양사 키드북, 2012년)가 있는데, 브라이언 그린 같은 설명까지는 아니더라도 한 권으로 모든 걸 해결하고픈 사람에게 적격이다.

양자 역학은 최근 새로운 르네상스를 맞고 있다. 이 새 물결의 핵심에는 양자 정보 혁명이 자리하고 있다. 일반인에게는 고성능 컴퓨터를 만들어 줄 새로운 기술의 기초 이론 정도로 알려져 있을 뿐이다. 하지만 양자 정보를 통해 정보의 의미가 재해석되고 있으며 더 나아가 우주 자체를 정보로 이해하려는 움직임도 일어나고 있다. 이런 최첨단 유행을 설명하는 책들도 이미 나와 있다. 안톤 차일링거의 『아

인슈타인의 베일: 양자 물리학의 새로운 세계』(전대호 옮김, 승산, 2007년), 세스 로이드의 『프로그래밍 유니버스』(오상철 옮김, 지호, 2007년), 한스 크리스찬 폰 베이어의 『과학의 새로운 언어, 정보』(전대호 옮김, 승산, 2007년), 블래트코 베드럴의 『물리 법칙의 발견: 양자 정보로 본 세상』(손원민 옮김, 모티브북, 2011년), 니콜라스 지생의 『양자 우연성: 정보 통신 기술의 새로운 기회』(이해웅, 이순칠 옮김, 승산, 2015년) 같은 책들이 그것이다.

안톤 차일링거는 후반기 양자 역학의 핵심 인물이다. 매년 11월이 되면 노벨상을 수상할까 마음 졸이는 사람이기도 하다. 이 사람이 직접 양자 얽힘에 대해 펜을 들었다. 차일링거의 강연을 몇 번 들어 본 적이 있는데, 하얀 턱수염과 하얀 머리에 푸근한 인상만큼이나 편안하게 이야기하던 것이 인상 깊었다. 그의 책은 이 분야에서 당대의 대가가 쓴 최고 수준의 책이라 할 만하다. 하지만 역시나 좀 어렵다. 『프로그래밍 유니버스』의 저자 세스 로이드 역시 이 바닥에선 꽤나 유명한 사람이다. 일반인을 위한 책이라고 보기엔 어렵지만, 이공계 출신들은 볼 만하다. 중간 중간 전문적인 부분만 건너뛰며 읽으면 많은 것을 얻을 수 있다. 그나마 『과학의 새로운 언어, 정보』는 일반인을 위한 책이지만, 저자의 주관적 이야기가 좀 거슬린다. 『물리 법칙의 발견』은 이 분야를 선도해 가는 일급 학자이자 매스컴에서도 많이 등장하는 베드럴이 쓴 책이다. 이 책은 주제의 방대함이나 철학적 함의에 있어 훌륭한 책이다. 다만 번역이 다소 매끄럽지 못한 것이 아쉽다. 『양자 우연성』은 바로 벨 부등식으로 시작한다. 웬만한 양자 역학의 기본 개념은 그냥 지나쳐 버리고 '양자 얽힘'으로 훌쩍 들어가는 것이다. 그러다 보니 수준이 무척 높다. 쉽게 말해서 무지 어렵다. 양자 정보 분야의 최전선을 꼼꼼히 알고 싶은 사람에게만 추천한다. 양자 정보에 국한하지 않고, 정보에 대한 전반을 알고 싶은 분께는 제임스 글릭의 『인포메이션: 인간과 우주에 담긴 정보의 빅 히스토리』(박래선, 김태훈 옮김, 동아시아, 2017년)를 강력 추천한다.

양자 역학을 다룬 만화책도 있다. 『만화로 쉽게 배우는 양자 역학』(이시가와 켄지, 히라기 유타카, 가와바타 기요시, 이희천 옮김, BM성안당, 2012년)과 『만화 양자론: 교과서보다 쉬운 물리학 이야기』(다케우치 가오루, 후지이 가오리, 마츠노 도키오, 오세웅 옮김, 멘토르, 2012년)가 그것이다. 2009년 일본에 머물 때 이런 책이 있다는 것을 보고 부러워했었는데, 어느새 국내에 번역되어 나왔다. 생각보다 많은 내용을 담고 있어 가볍게 읽을 만하다. 『어메이징 그래비티: 만화로 읽는 중력의 원리와 역사』(궁리출판, 2012년), 『게놈 익스프레스: 유전자의 실체를 벗기는 가장 지적인 탐험』(위즈덤하우스, 2016년)으로 유명한 조진호 작가가 양자 역학 관련한 신작 만화를 준비 중이다. 이미 그 실력을 인정받은 작가니 조만간 양자 역학의 걸작 국내 만화가 나올 것이라 기대한다.

"한 술 밥에 배부르랴?"는 속담이 있지만, 이건 굶어 보지 않은 사람이 한 말임에 틀림없다. 배가 고프면 한 술이라도 뜨는 것이 상책이다. 많은 책들을 소개했지만, 양자 역학에 흥미가 있다면 일단 아무 책이나 집어 들고 읽어 보는 게 어떨지. 무슨 책을 읽을지 당신이 고민하는 지금 이 순간에도, 그 생각을 만들어 내는 당신 몸의 모든 원자들은 양자 역학에 따라 움직이고 있다.

양자 역학 용어 해설

가시광선 → 빛

각운동량 물체의 질량, 속도, 거리를 곱한 물리량. 거리의 기준점은 아무 곳이나 잡아도 된다. 각운동량은 보존된다. 물리학자는 보존되는 것에 아주 관심이 많다. 원운동을 하는 경우 기준점을 원의 중심으로 잡으면 거리가 반지름으로 일정하게 된다. 따라서 등속 원운동을 하는 물체의 각운동량은 일정하게 유지된다. 이것은 등속 직선 운동 하는 물체에서 운동량이 보존되는 것과 비슷하다. 외부에서 가하는 힘, 정확히는 돌림힘(힘에 거리를 곱한 것)이 작용하지 않는 경우(원운동 여부와 상관없이) 물체의 각운동량은 보존된다. 이 때문에 피겨스케이팅 하는 선수가 손을 모을 때 회전 속도가 빨라진다. 보어는 수소 원자에서 각운동량이 특별한 조건을 만족하는 것만 가능하다는 가정을 통해 양자 역학으로 가는 문을 연다.

간섭 2개의 파동이 만날 때 일어나는 현상. 파동의 마루와 마루가 만나면 마루의 높이가 2배로 커지고, 골과 골이 만나면 깊이가 2배로 낮아진다. 이것을 보강 간섭이라 한다. 마루와 골이 만나면 서로 상쇄되어 높이가 0이 되는데, 이것을 상쇄 간섭이라 한다. 이것은 한 장소에 두 파동이 공존하기 때문에 생기는 현상이다. 즉 첫 번째 파동의 마루가 존재하는 장소에 두 번째 파동의 골이 공존하면, 두 파동이 더해져서 상쇄되는 것이다. 2차원에서 간섭이 일어나면 공간적으로 보강, 상쇄 간섭이 일어나 주기적인 줄무늬가 나타난다. 양자 역학에서는 입자가 파동성을 갖는 이중성이 문제가 되는데, 전자가 간섭한다는 것이 그 증거였다.

결어긋남(decoherence) 파동이 갖는 성질의 하나. 파동이 사인 함수의 형태로 결이 잘 맞아 있는 경우 결맞은(coherent) 파동이라 부른다. 반대로 파동의 결이 흐트러진 경우를 결어긋난 파동이라 한다. 결어긋난 파동은 간섭 무늬를 형성할 수 없다. 결이 흐트러지면 마루와 골이 제멋대로 위치하기 때문이다. 양자 역학의 경우 입자가 파동성을 가질 수 있다. 그 증거는 전자가 간섭 무늬를 보여 준다는 것이다. 하지만 전자가 결어긋난 파동이라면 간섭 무늬를 형성할 수 없다. 따라서 결어긋난 파동의 전자는 파동의 성질을 잃어버린다고 생각할 수 있다. 이때 전자는 파동성을 잃어버리고 입자와 같이 행동한다. 코펜하겐 해석에 따르면 전자의 위치를 측정하는 행위가 전자의 파동성을 없애고 입자로 만들어 준다. 오늘날 물리학자들은 측정을 통해 전자에 결어긋남이 생긴다고 생각한다. 이런 식으로 측정을 이해하는 것을 '결어긋남 이론'이라 한다. 다수의 물리학자가 지지하는 양자 해석이다.

고전 역학 20세기 들어 물리학에는 혁명이 일어난다. 상대성 이론과 양자 역학이 그 주인공이다. 20세기의 혁명 이전의 물리학을 일컬어 고전 역학이라 부른다. 뉴턴 역학, 통계 역학, 전자기학 등이 여기에 속한다.

관성계 일정한 속도로 움직이는 계. 우주에 절대 정지란 없다. 모든 운동은 상대적이기 때문이다. 내가 정지해 있다고 생각하는 것은 착각이다. 하지만 등속으로 움직이는 계에서 물리 법칙은 똑같이 성립한다. 나에 대해서 등속으로 움직이는 계는 관성계다. 그 계에서 보기에 나도 관성계다. 그렇다면 그 움직이는 계에서의 물리 법칙은 나의 물리 법칙과 동일하다. 따라서 관성계는 물리학을 하는 가장 기초적인 배경이 된다. 참고로 속도가 변하는 계가 비(非)관성계다. 가속하는 자동차에 탄 사람의 계가 예다.

공유 결합 원자들이 전자를 공유하여 분자를 이루는 결합. 양자 역학적으로 생각하면 원자들의 상태가 양자 중첩을 형성하는 것이다. 전자의 입장에서는 여러 원자에 하나의 전자가 동시에 존재하는 셈이 된다. 그렇다면 여러 원자는 하나로 묶인 것으로 볼 수 있다. 2개의 원자가 결합하여 하나의 분자를 형성하는 수소, 산소, 질소 등이 공유 결합으로 형성된 분자의 전형적인 예다.

국소성(locality)　어떤 물체가 주변에 주는 물리적 영향은 바로 인접한 영역으로만 전파된다는 성질. 공간을 뛰어넘어 순간적으로 영향을 줄 수 없다는 의미다. 이는 물리적 영향을 매개하는 무엇인가가 존재하여 그것을 통하여 그 영향이 차례차례 전달된다는 가정을 깔고 있다. 물리학에서 그 매개물을 '장(field)'이라 부른다. 중력을 매개하는 것을 중력장, 전기력을 매개하는 것을 전기장이라 부른다. 상대성 이론에 따르면, 매개물을 통한 영향의 전달에는 유한한 시간이 걸리며 그 속도는 진공 중의 빛의 속도를 넘을 수 없다. 따라서 떨어진 두 물체 사이에서 국소성이란 빛보다 빠른 영향의 전달이 불가능함을 의미한다. 비국소성은 국소성이 깨어진 상황을 가리킨다.

국소화(localization)　어떤 물체가 공간적으로 갇히는 현상을 말한다. 상자에 가두어 갇히는 것이 아니라 한 장소를 벗어나지 못하는 상태에 가깝다. 앤더슨 국소화의 경우 전자가 무작위로 움직일 수 있는 상황인데도 멀리 가지 못하고 일정한 영역을 벗어나지 못하는 현상을 말한다.

대응 원리(correspondence principle)　양자 역학과 고전 역학이 서로 연속적으로 연결된다는 원리. 양자 역학은 고전 역학과 완전히 다른 형태를 가지고 있다. 물론 미시 세계에는 양자 역학, 거시 세계에는 고전 역학을 사용하면 된다. 하지만 물리학자들은 세계를 기술하는 2개의 서로 다른 이론이 존재한다는 데 불편함을 느낀다. 어떻게 하면 이 두 이론을 하나로 통합할 수 있을까? 양자 역학적 결과들은 고전 역학으로 설명할 수 없으니, 양자 역학이 고전 역학을 포함해야 할 것이다. 그렇다면 올바른 이론은 양자 역학뿐이고, 고전 역학은 양자 역학으로부터 끌어낼 수 있어야 한다. 보통 플랑크 상수를 0으로 작게 만들거나 양자수를 무한히 크게 하면, 순전히 양자 역학적으로 푼 결과가 고전 역학의 결과에 가까워진다는 것을 보일 수 있다. 이것이 대응 원리의 대표적 예다. 하지만 이런 대응은 완벽하지 않다. 본문에서 다룬 '양자 카오스'가 그 대표적 예다. 하지만 대부분의 물리학자는 대응 원리가 옳다고 믿는다.

띠 → 에너지 띠

띠틈 → 에너지 띠

MOSFET(Metal Oxide Semiconductor Field Effect Transistor) 이름의 마지막에 나온 'T'가 트랜지스터의 약자니까 트랜지스터의 일종이라고 보면 된다. 쉽게 말해서 MOS 구조를 갖고 FE를 이용하는 트랜지스터라고 보면 된다. 각각에 대해서는 본문에서 자세히 설명하고 있으니 관련 부분을 보시라. 오늘날 대부분의 전자 소자에서 사용되는 트랜지스터의 형태라는 것만 알면 충분하다.

미분 방정식 미분을 포함하는 방정식. 예를 들어 $\frac{dy}{dx} = y$ 라는 미분 방정식은 어떤 함수 y를 x로 미분했더니 그 자신 y가 나왔다는 의미다. 이런 조건을 만족하는 y를 찾는 것이 미분 방정식을 푸는 것이다. 뉴턴의 법칙 $F = ma$는 $F = m\frac{d^2x}{dt^2}$ 이라는 미분 방정식이다. 여기서도 힘 F와 질량 m이 주어졌을 때, x를 시간의 함수로 구하는 것이 목표다. 물리 법칙은 대부분 이런 미분 방정식의 형태로 쓰여 있다. 그래서 극한, 미분, 적분으로 이어지는 고등학교 수학 지식이 필요하다. 대학 이공계 학생이라면 2학년쯤 미분 방정식 푸는 법을 배운다.

바닥 상태 에너지가 가장 낮은 양자 상태.

분광학 → 스펙트럼

빛(가시광선/엑스선/감마선) 빛은 전기장과 자기장이 만드는 파동이다. 그래서 전자기파라고 부른다. 전자기파는 진동수 혹은 파장에 따라 물질과 반응하는 양상이 바뀐다. 진동수와 파장을 곱하면 빛의 속도가 되기 때문에 둘 중 하나만 이야기하면 충분하다. 우선 눈에 보이는 가시광선이 있다. 이것은 대략 400나노미터에서 700나노미터의 파장을 갖는 전자기파다. 인간의 눈에 있는 로돕신 분자가 반응하는 빛의 영역이다. 로돕신 분자가 특정 파장의 빛에만 반응하는 것은 분자의 에너지가 양자화되어 있기 때문이다. 가시광선보다 파장이 짧아지면 자외선이 되며, 더 짧아지면 엑스선, 감마선이 된다. 엑스선은 파장이 0.01~10나노미터 정도 되므로 원자의 크기에 가깝다. 따라서 원자의 구조를 살피는 데 사용할 수 있다. 감마선이 되면 이제 파장이 원자핵의 크기에 가까워진다. 원자핵과 관련한 전자기파란 이야기다. 쉽게 말해서 방사능의 일종이라 매우 위험하다. 가시광선보다 파장이 길어지면 적외선, 마이크로파를 거쳐 핸드폰, 텔레비전에 쓰이는 전파에 이르게 된다. 결국 감마선, 엑스선, 자외선, 가시광선, 적외선, 마이크로파, 전파 등은 단지 파장이(혹은 진동수가) 다른 전자기파에 불과하다.

숨은 변수　양자 역학은 확률적이다. 무엇인가 알지 못하는 것이 있을 때 확률을 쓴다. 하이젠베르크는 불확정성 원리로 그 이유를 설명했다. 운동량과 위치를 동시에 알 수 없다는 것이다. 완벽하게 알 수 없을 때 확률이 필요하다. 하지만 아인슈타인은 여기에 반대했다. 우리는 원칙적으로 자연에 대해 완벽하게 알 수 있다. 단지 지금 우리가 알지 못하는 '무엇'인가 있는데, 그것 때문에 양자 역학에 확률이 나오는 것이다. 그 알지 못하는 '무엇'을 알게 되는 날 양자 역학에서 확률은 제거되고 결정론이 될 것이다. 여기서 말하는 그 '무엇'을 숨은 변수라 부른다. 오늘날 대부분의 물리학자는 숨은 변수가 없고, 아인슈타인이 틀렸다고 생각한다.

슈뢰딩거 방정식　양자 역학의 대상이 되는 입자들은 파동의 성질을 갖는다. 이 파동의 운동을 기술하는 방정식이 슈뢰딩거 방정식이다. 이 방정식은 파동의 시간 변화는 물론, 입자가 가질 수 있는 에너지 등을 구하게 해 준다. 파동의 크기(정확히는 크기의 절댓값 제곱)는 입자가 발견될 확률을 의미한다.

스펙트럼　일반적으로 대개의 파동은 여러 파장(또는 진동수)을 갖는 파동들의 합으로 이루어진다. 소리가 파동의 좋은 예인데, 수많은 음을 모아 음악을 만드는 것을 상상해 보면 이해하기 쉬울 것 같다. 이렇게 파동이 합쳐진 것을 파동의 중첩이라 한다. 중첩의 반대 과정으로 파동을 구성하는 여러 파장(또는 진동수)에 따라 파동을 분해해 놓은 것을 스펙트럼이라 한다. 좀 더 정확히 말하자면 파동을 진동수 또는 파장의 함수로 각각의 세기를 나타낸 것이다. 전자기파인 빛이 프리즘을 통과하면 무지갯빛으로 분해되는 것이 스펙트럼의 한 예다. 빛의 색깔은 파장이 달라서 생긴다. 예를 들어 파장이 625~750나노미터면 빨간색이다. 물론 무지갯빛으로 분해되는 것은 단지 가시광선에만 해당된다. 무지갯빛 바깥쪽에도 눈에 보이지 않는 자외선과 적외선이 존재할 수 있다. 물질의 스펙트럼을 연구하는 분야를 '분광학'이라 한다.

스핀(spin)　양성자, 전자, 중성자 같은 기본 입자들이 갖는 양자 상태의 하나. 쉽게 말해서 전자의 자전(自轉)과 관련된 물리량이다. 하지만 전자가 실제로 돈다는 뜻은 아니다. 전자의 스핀은 딱 두 가지 상태만 가능하다. 이것은 이상하다. 돌아가는 팽이를 생각해 보자. 팽이는 무한히 많은 상태를 가질 수 있다. 우선 회전축은 어느 방향이든 가리킬 수 있다. 회전 속도도 아무 값이나 가질 수 있다. 하지만 전자의 스핀은 그렇지 않다. 스핀의 방향은 위, 아래, 2개만 가능하다. 회전 속도는 하나로 정해져 있다. 이것보다 빠를 수도 느릴 수도 없고, 멈출 수도 없다. 직관적으로 이해할 수 없는 양자 역학적 결과다. 사실 스핀과 관련하여 더 이상한 성질들이 많지만 이 정도만 이야기하자.

얽힘(entanglement)　양자 역학에서만 존재하는 특별한 상관 관계. 상자 안에 검은 공과 흰 공이 있다고 하자. 상자 안에 손을 넣어 공 하나를 꺼낸다. 꺼낸 공이 흰 공이면 남은 공은 검은 공이고, 반대로 꺼낸 공이 검은 공이면 남은 공은 흰 공이다. 이때 검은 공과 흰 공은 서로 상관 관계를 갖는다. 여기까지는 양자 역학이 아니어도 존재하는 상관 관계다. 얽힘이란 "꺼낸 공이 흰 공이면 남은 공은 검은 공이다.", "꺼낸 공이 검은 공이면 남은 공은 흰 공이다."라는 두 사건이 중첩된 것을 말한다. 즉 두 사건이 동시에 성립된다는 말이다. 이게 뭐가 특별한지 모르겠다는 생각이 든다면 9장을 읽어 보시라.

에너지 띠(띠/띠틈)　고체가 갖는 양자 역학적인 에너지 상태. 고체는 수많은 원자들이 모여 만들어진다. 하나의 원자가 띄엄띄엄한 에너지를 갖는 것과 마찬가지로, 고체는 에너지의 띄엄띄엄한 다발들을 갖는다. 이 에너지의 다발들을 에너지 띠라고 부르며, 두 띠 사이의 빈 영역을 띠틈이라 부른다. 다발 자체는 너무 촘촘하여 연속이나 다름없는 에너지들의 모임으로 구성된다. 이 에너지들은 고체를 이루는 원자 하나하나가 가졌던 띄엄띄엄한 상태에서 온 것이다.

엑스선 → 빛

오비탈(orbital)　현행 고등학교 교육 과정에서는 양자 역학을 물리가 아니라 화학에서 주로 가르친다. 화학에서는 원자나 분자의 양자 상태를 오비탈이라고 부른다. 그래서 많은 사람들이 오비탈은 알면서 양자 역학이 뭔지 모른다고 하는 이상한 상황이 벌어진다. '로미오'는 읽었는데 '줄리엣'은 안 읽었다고 하는 것과 비슷하다.

운동량 질량과 속도를 곱한 물리량. 5킬로그램의 물체가 초속 10미터의 속도로 움직이고 있으면 운동량은 50kg·m/s이다. 물체에 힘이 가해지지 않으면 운동량은 보존된다. 운동량 보존 법칙이다. 고전 역학에서 운동을 기술하기 위해 반드시 알아야 하는 중요한 물리량이다. 양자 역학에서는 불확정성 원리 때문에 위치와 더불어 동시에 정확히 알 수 없는 물리량이다. 하이젠베르크에 따르면 이것이 양자 역학이 갖는 모든 이상함의 근원이다.

유니타리(unitary) 원래 유니타리는 선형 대수학에 나오는 딱딱한 수학 용어다. 마땅한 한글 번역도 없어 그냥 유니타리라고 한다. 양자 역학에서는 시간이 지남에 따라 상태가 변하는 과정을 유니타리 변환으로 기술한다. 그래서 양자계의 시간 변화를 유니타리 과정이라 부른다. 그냥 시간에 따라 상태가 변해 가는 과정이라 생각하면 충분하다. 물론 이 과정에서 중첩과 같은 양자 역학만의 고유한 성질은 파괴되지 않고 유지된다.

유효 숫자 자로 키를 재면 어느 정도 정확도로 잴 수 있을까? 보통의 자에는 눈금이 1밀리미터까지 나 있다. 그 눈금을 눈대중으로 10등분하는 것까지는 가능하다. 그렇다면 170.34센티미터라고 말해도 괜찮을 것이다. 여기서 유효 숫자는 1, 7, 0, 3, 4로 모두 5개다.

이중 슬릿 실험 양자 역학의 핵심을 보여 주는 실험. 물리학자들이 투표로 뽑은 가장 심오하고 아름다운 실험. 전자나 빛이 2개의 구멍을 통과한 후 스크린에 나타나는 모습을 관측하는 실험이다. 대상이 입자인지 파동인지에 따라 완전히 다른 결과를 준다는 것이 중요하다. 본문에서 수도 없이 설명했으니 본문을 보시길. 굳이 용어 해설을 다시 하는 것은 그만큼 중요하다는 의미.

일(work) 힘에 이동 거리를 곱한 물리량. 일상 용어 '일'과는 다른 의미를 갖는다. 안타깝게도 이름 때문에 많은 혼란을 일으킨다. 이름을 잘못 지은 대표적인 사례. 일을 하는 주체는 힘이다. 대개의 경우 일을 하는 과정에서 퍼텐셜 에너지가 운동 에너지로 바뀐다. 즉 에너지의 전환 과정에서 전환된 에너지의 양과 관련된다. 예를 들어 물체가 자유 낙하를 하는 동안 중력은 낙하하는 물체에 일을 한다. 그러면 물체의 속도가 빨라진다. 즉 운동 에너지가 커진다. 이때 높이는 작아지는데, 높이가 퍼텐셜 에너지와 관련된다. 사실 퍼텐셜 에너지가 '일'로 정의되니 순환 논법 같은 느낌도 있다. 휘발유를 태워 그 압력으로 피스톤을 움직여 자동차가 움직이는 것이나 전기장에 전하가 끌려가는 것도 일의 예다.

자기 모멘트(magnetic moment) 나침반에 자석을 갖다 대면 나침반 바늘이 돌아간다. 나침반도 자석이라서 그렇다. 이때 나침반이 갖는 자기장의 크기를 돌림힘으로 나타낸 것을 자기 모멘트라 하며 보통 μ로 나타낸다. 무슨 말인지 모르겠다면 그냥 자석의 세기를 정량적으로 표현한 거라 생각하면 충분하다. 나침반의 자기 모멘트에 자석의 자기장(B라고 하자.)을 곱하면 나침반이 받는 돌림힘(τ라고 하자.)이 된다. 즉 $\tau = \mu \times B$다.

작용(action) 라그랑지안의 시간 적분. 이렇게 이야기하면 무슨 말인지 아무도 모를 것이다. 운동량에 위치를 곱하여 적분한 물리량이라고 하면 좀 나아질까? 물리학에서 운동을 기술하는 데에 두 가지 방법이 있다. 하나는 뉴턴 역학으로 힘이 가해지면 물체가 가속한다는 형태로 되어 있다. 작용(힘)과 반응(가속)의 관점이다. 따라서 어느 한 순간의 운동 상태가 그다음 순간의 운동 상태를 결정하게 된다. 또 다른 방법은 해밀턴 역학이다. 여기서는 뉴턴 역학과 사뭇 다른 방식으로 운동을 결정한다. 우선 시공간상에서 운동의 시작점과 끝점을 잡는다. 그리고 이 둘을 연결하는 모든 가능한 운동 경로를 고려하고 이 경로들에 대해 '작용'을 계산한다. 실제 운동은 작용 값이 최소가 되는 경로로 일어난다. 여기서는 마치 우주가 처음과 (아직 도달하지도 않은) 끝을 동시에 쳐다보며 '최소 작용 경로'를 찾아가는 듯이 보인다. 목적론적으로 느껴질 수도 있다. 테드 창의 SF 소설 『당신 인생의 이야기』(김상훈 옮김, 북하우스 퍼블리셔스, 2016년)에 나오는 외계인들이 이런 방식으로 사고한다. 아무튼 놀랍게도 해밀턴 역학은 뉴턴 역학과 동일한 결과를 준다.

전하 전기력을 일으키는 원인. 양(+)전하와 음(−)전하의 두 종류가 있다. 전자가 갖는 전하의 크기가 전하의 최소량이다. 양성자는 부호는 다르지만 이것과 크기가 똑같은 전하를 갖는다. 따라서 양성자와 전자가 함께 있으면 전하가 상쇄되어 전체 알짜 전하는 0이 된다. 양성자 하나와 전자 하나로 구성된 수소 원자가 중성인 이유다.

정상파　보통 파동은 한 방향으로 진행한다. 만약 파장과 진폭이 같은 두 파동이 서로 반대 방향으로 이동하며 만나면 정상파가 형성된다. 정상파는 움직이지 않고 한 장소에 멈춰서 진동하는 파동으로 보인다. 이때 공간적으로 파동이 진동하지 않는 점들이 존재하게 되는데 이들을 '마디'라고 부른다. 마디는 파장의 절반 크기를 갖고 주기적으로 존재한다. 대나무의 마디들을 생각하면 이해하기 쉽다. 파동이 공간적으로 갇힌 경우, 일단 정상파가 될 수밖에 없다. 이동할 수가 없으니 말이다. 하지만 아무 정상파나 다 존재할 수는 없다. 파동을 가둔 벽에서는 파동이 진동할 수 없기 때문이다. 그렇다면 정상파의 마디가 정확히 벽면에 위치해야 한다. 마디가 아니라면 진동해야 한다. 마디 사이의 거리가 파장의 절반이라고 했으니, 벽면 사이의 거리가 이 길이의 정수배(1, 2, 3, …배)라는 말이다. 드 브로이가 보어의 양자 조건을 설명할 때 이 조건을 사용했다. 사실 원자 내에서 파동성을 갖는 전자가 가질 수 있는 상태는 정상파일 수밖에 없다. 결국 양자 상태는 일종의 정상파다.

주기율표　원자들을 원자 번호의 순서로 늘어놓은 표. 2차원 형태로 배열되어 있는데 가로줄을 '주기', 세로줄을 '족'이라 한다. 같은 족에 속하는 원자들은 화학적으로 비슷한 성질을 가지고 있다. 양자 역학이 완성되고 첫 번째 이룬 쾌거는 주기율표의 구조 및 그 특성을 설명한 것이다.

중첩　2개의 파동이 시공간상에 동시에 존재하는 상태를 말한다. 예를 들어 당신이 "도"라고 소리를 내고, 옆 사람이 "미"라고 소리를 내면, 당신 주위에는 "도"와 "미"의 음파가 중첩 상태를 이루게 된다. 양자 역학에서는 입자가 동시에 2개 이상의 상태를 동시에 갖는 것을 말한다. 이중 슬릿 실험에서 전자가 오른쪽과 왼쪽 2개의 슬릿을 동시에 지나가는 것이 그 예다. 파동이라면 이상한 일이 아니다. 당신이 이중 슬릿 앞에서 "도"라고 말하면 그 소리는 두 슬릿을 동시에 지날 테니 말이다. 하지만 입자라면 사정이 다르다. 양자 역학이 보여 주는 모든 이상함의 근원이 여기에 있다.

진동수 → 파동

진폭 → 파동

축전기　전하를 저장하는 장치. 도체 판 2개를 나란히 두면 충분하다. 그러면 한쪽 판에는 양전하, 반대쪽 판에는 음전하가 서로 인력으로 당기며 전하의 저장 상태를 유지한다. 전하가 외부로 달아나지 않게 차폐하는 것이 중요하다. 컴퓨터 메모리의 경우 축전기에 전하가 축전되어 있으면 1, 비어 있으면 0으로 정보를 저장한다. 지금 당신이 사용하고 있는 전자 기기의 (하드디스크 말고) 메모리에 축전기가 들어 있다.

파동(파장/진동수/진폭)　매질을 통해 운동이나 에너지가 전달되는 현상. 잔잔한 호수에 돌멩이를 하나 떨어뜨리면 동심원의 파동이 생성되는 것을 볼 수 있다. 이때 물이 매질이며, 파동을 통해 수면의 진동 운동이 동심원을 타고 바깥쪽으로 전파된다. 수면이 진동하는 높낮이를 '진폭'이라 하고, 동심원들 사이의 거리를 파장이라 한다. 수면에 나뭇잎이 하나 떠 있다면 파동이 지남에 따라 잎이 위아래로 진동하는 것을 볼 수 있다. 나뭇잎은 동심원을 따라 바깥쪽으로 이동하지는 않는다. 이처럼 한 장소에서 파동이 1초 동안 진동한 횟수를 '진동수'라고 한다. 진동수의 단위는 헤르츠(Hz)다. 파장과 진동수를 곱하면 파동의 이동 속도가 된다. 보통 매질이 정해지면 파동의 속도가 정해진다. 따라서 파장이나 진동수 둘 중의 하나를 알면 나머지를 구할 수 있다. 이 때문에 둘 중의 하나만 이야기하면 충분하다. 소리, 빛, 전파, 엑스선, 지진파 등이 파동의 대표적인 예다.

파장 → 파동

큐비트(qubit)　비트란 0과 1로 이루어진 정보의 최소 단위다. 비트 한 자리에 0 아니면 1을 써야 한다. 예를 들어 5비트가 있다면 '01101'과 같이 5개의 0 또는 1로 된 숫자의 배열이 가능하다. 하지만 양자 역학에서는 중첩이 가능하다. 즉 한 자리에 0과 1을 동시에 쓸 수도 있다는 말이다. 이것을 퀀텀 비트(quantum bit), 줄여서 큐비트라 한다.

튜링 기계　앨런 튜링은 모든 수학적 연산, 조작을 할 수 있는 기계를 고안한다. 이 기계는 한 줄로 쓰인 문자의 나열을 한 문자씩 읽고/쓰거나 문자열의 지시에 따라 행동한다. 한 줄로 된 문자열이 이상한 것은 아니다. 보기 쉽게 2차원으로 배열하기는 했지만 책도 한 줄로 되어 있는 문자열이다. 튜링은 이런 기계를 통해 인간이 생각할 수 있는 거의 모든 수학 연산이 가능함을 보인다. 이 개념을 실제로 구현한 것이 오늘날 우리가 사용하는 컴퓨터다.

트랜지스터　스위치라고 보면 된다. 쉽게 말해서 켜면 전류가 흐르고, *끄*면 전류가 멈추는 장치다. 스위치를 켜고 *끄*는 부분을 '게이트'라고 하고, 전류는 '소스'와 '드레인' 사이를 흐른다. 그래서 트랜지스터는 게이트, 소스, 드레인, 3개의 단자로 구성된다. 최초로 구현된 트랜지스터는 손으로 직접 조작할 수 있을 만큼 큰 것이었으나, 지금은 손톱만한 공간에 수십억 개가 들어간다. 컴퓨터가 작동되기 위해 해야 할 일은 수많은 전자 소자들 사이에 전류를 흘리고 멈추는 작업에 불과하다. 따라서 모든 전자 소자는 트랜지스터들의 조합으로 구현된다. 트랜지스터 없는 컴퓨터는 뉴런(신경 세포) 없는 인간과 같다. 20세기 최고의 발명품으로 트랜지스터를 꼽는 이유다.

푸리에 변환　파동을 파장 혹은 주파수 성분으로 분해한 것을 스펙트럼('스펙트럼' 항목 참조)이라 한다. 빛의 스펙트럼을 보고 싶다면 프리즘을 통과시키면 된다. 푸리에 변환이란 임의의 파동에서 스펙트럼을 얻는 수학적 방법이다. 공간상에서 파동의 모양을 안다면(파동을 위치의 함수로 아는 것인데, 이것을 파동 함수라 부른다.), 푸리에 변환을 통해 파동의 스펙트럼 함수를 얻을 수 있다. 스펙트럼 함수는 처음의 파동 함수에 들어 있던 특정 파장 성분의 크기를 알려준다. 예를 들어, 파동 함수에 1미터란 값을 넣으면 원점에서 1미터 떨어진 거리에서의 파동의 크기가 나오지만, 스펙트럼 함수에 1미터를 넣으면 파동 함수에 들어 있는 파장이 1미터인 성분의 크기가 나온다. (엄밀하게는 파장이 아니라 파장의 역수인 '파수(wave number)'를 사용한다.) 흥미롭게도 스펙트럼을 역(逆)푸리에 변환하면 파동 함수가 다시 얻어진다. 대학 이공계 학과 3학년 정도면 배우게 되는 내용이다.

p형 반도체　부도체에는 자유 전자가 없다. 띠틈이 있기 때문이다. 물론 온도가 절대 0도가 아니라면 그 열을 이용하여 전자가 띠틈을 뛰어오를 수도 있다. 부도체에도 미세하나마 전기가 흐르는 이유다. 이런 식으로 자유 전자를 얻는 것은 힘들다. 하지만 다른 방법이 있다. 부도체에 불순물을 첨가하면 잉여 전자가 생겨 자유롭게 다닐 수 있는 가능성이 열린다. 이것을 n형 반도체라 하며, 이미 본문에서 이야기했다. 불순물의 종류에 따라 잉여 전자가 생기는 것이 아니라 전자가 부족해질 수도 있다. 그렇다면 자유 전자는 존재하기 더 힘들어진다. 하지

만 놀랍게도 전자가 부족하여 생겨난 빈 공간이 마치 전자와 같이 행동할 수 있다. 이 빈 공간을 정공 혹은 홀(hole)이라 부른다. 전자의 부재가 만든 유령 같은 녀석이다. 정공은 전자와 달리 양의 전하를 갖는다. 정공을 매개로 전기를 통하는 반도체를 p형 반도체라 한다.

행렬 숫자들의 2차원 배열. 예를 들어 2×2 행렬이라고 하면 가로 2줄, 세로 2줄로 모두 4개의 숫자들이 배열된 구조를 갖는다. 숫자의 집합체로 된 행렬을 하나의 숫자같이 생각하면 행렬들을 서로 더하거나 곱할 수 있다. 2개의 행렬을 A, B라고 할 때, $A \times B$와 $B \times A$는 같지 않다. 어렵게 말해서 행렬은 곱셈에 대해 교환 법칙이 성립되지 않는다. 행렬이 보통의 수와 다른 특징이다. 하이젠베르크는 물리량들을 행렬로 생각하면 원자에 대해 알려진 문제점을 해결할 수 있음을 깨닫고, 행렬을 이용하여 양자 역학을 구축한다. 행렬을 다루는 수학 분야를 선형 대수학이라고 하는데, 대학 이공계 학과에서 2학년이면 배우는 기초 수학이다. 결국 양자 역학은 수학적으로 선형 대수학에 불과하다. 뉴턴 역학이 미적분에 불과하듯이.

후주

사랑의 양자 역학

1. 김인육 시인의 「사랑의 물리학」을 양자 역학으로 패러디해 봤다.

2장 양자 역학의 핵심, 양자 중첩

1. 리처드 파인만, 『물리 법칙의 특성』(안동완 옮김, 해나무, 2016년)

2. 알베르트 아인슈타인의 말로 널리 알려져 있지만 사실은 아니다.

3. 물리학자들도 전자의 크기를 정확하게 알지 못한다. 이론적, 실험적 상한값만 일부 알려져 있을 뿐이다.

4. 양자 역학의 핵심 원리를 이중 슬릿 실험으로 설명하는 것은 리처드 파인만이 쓴 불후의 명작 『파인만의 물리학 강의』 3권(정재승 외 옮김, 승산, 2009년)에 나오는 방식이다. 좀 더 자세한 설명을 원하는 사람은 이 책을 읽어 봐도 좋다.

5. '멘붕'은 '멘탈 붕괴'의 약자로 여러 요인으로 인해 평정심을 잃고 자기 통제력을 다소 상실한 상태를 가리키는 속어다.

6. 보어가 도입한 양자 조건을 고려하면 원운동을 하는 전자의 궤도 길이가 정확히 정상파의 파장임을 알 수 있다. 보어의 양자 조건에 대해서는 나중에 자세히 설명할 것이다.

3장 슈뢰딩거 고양이는 누가 죽였나?

1. 노벨상 수상자 유진 위그너의 1961년 논문 "Remarks on the mind-body question"에 나오는 내용이다. Good, I. J. (ed.), *The Scientist Speculates*, Heineman, pp. 284-302

(1961).

2. 물리학자 데이비드 머민이 《피직스 투데이(*Physics Today*)》 1989년 4월호에 실은 글에서 한 말이라고 한다. 원문은 이렇다. "코펜하겐 해석을 한 문장으로 줄이면 '입 다치고 계산해.'라고 할 수 있다." Mermin, N. David, "What's wrong with this pillow?", Cornell University, *Physics Today*, p. 9 (April 1989).

3. Erwin Schrödinger, "Die gegenwärtige situation in der quantenmechanik", *Naturwissenschaften* 23 (48): 807–812 (November 1935).

4. 결어긋남 이론의 선두 주자는 보이치에흐 주렉이라는 폴란드 출신 물리학자다. 그는 1991년 《피직스 투데이》에 발표했던 글을 보강해서 2003년 물리학계의 출판 전 논문 사이트인 아카이브(arXiv)에 발표해 물리학계에 결어긋남 이론에 대한 관심을 불러일으켰다. http://arxiv.org/abs/quant-ph/0306072를 참조하라.

5. 'decoherence'의 우리말 번역에 대해 아직 학계의 의견이 하나로 모이지 않았다. 결어긋남, 결잃음, 결흩어짐, 결깨짐 등 다양한 표현이 존재한다. 보통 'coherence'를 결맞음으로 번역하기 때문에 필자는 결어긋남을 선호한다.

6. 사실 이 경우 스크린에는 하나의 줄무늬가 나타난다. 이제는 복잡한 진실을 말할 때가 되었다. 입자가 이중 슬릿을 통과하면 2개의 줄이 나온다고 했지만, 사실 이 경우도 엄밀히 말하면 하나의 줄이 나온다. 왜냐하면 실제 실험에서 이중 슬릿을 이루는 두 슬릿이 매우 가깝기 때문이다. 두 슬릿이 아주 가까워서 사실상 하나의 줄무늬만 보이는 상황에서만 이 실험이 제대로 이루어진다. 처음부터 사실대로 말했으면 아마 더 헷갈렸을 것이다. 2개의 구멍을 지났는데 하나의 줄이 생긴다고? 참고로 결맞은 파동을 사용하면 여러 개의 줄무늬가 나오는 것은 그대로다.

7 이 분자의 정식 명칭은 버크민스터풀러렌(Buckminsterfullerene), 별명은 버키볼 (buckyball)이다.

4장 문제는 원자가 아니라 인간!

1. 모든 물체는 그 자신의 고유한 색을 갖는다. 이러한 색은 물체를 이루는 원자의 특성에서 기인한다. 물질에 상관없이 온도에 따라서만 빛이 방출되는 보편적 특성을 알기 위해서는 물질이 갖는 고유의 색은 제외해야 한다. 그 자신의 고유한 색 특성을 하나도 갖

지 않는 가상의 물체를 '흑체'라 부른다. 이런 물체는 모든 빛을 균일하게 흡수하기 때문이다.

2. 막스 플랑크의 전기로 에른스트 페터 피셔의 『막스 플랑크 평전』(이미선 옮김, 김영사, 2010년)을 추천한다. 저자는 유럽에서 유명한 과학 저술가다. 저자의 주요 저서로 『또 다른 교양: 교양인이 알아야 할 과학의 모든 것』(김재영 외 옮김, 이레, 2006년), 『과학의 파우스트』(캐롤 립슨 공저, 백영미 옮김, 사이언스북스, 2001년) 등이 있다.

3. 빛의 에너지는 $E = h\nu$ 로 주어진다. 여기서 ν 는 빛의 진동수, h 는 플랑크 상수다.

4. 아인슈타인의 광양자 논문 「빛의 발생과 변환에 관련된 발견적 관점에 대하여(Über einen die erzeugung und verwandlung des lichtes betreffenden heuristischen Gesichtspunkt)」의 우리말 번역은 앨런 라이트먼의 『과학의 천재들: 과학사를 송두리째 바꾼 혁명적 발견 22가지』(이성렬 외 옮김, 다산초당, 2011년)에서 볼 수 있다. 원래 논문이 보고 싶은 사람은 다음을 참조하라. Albert Einstein, *Annalen der Physik*. 17 (6): 132–148 (1905)

5. 물리계가 갖는 미시적 상태의 수와 관련된 물리량. 열역학에서 중요한 역할을 한다.

6. 질량과 에너지가 같다는 특수 상대성 이론의 핵심 원리. $E = mc^2$ 으로 표현된다. 여기서 m 은 질량, c 는 빛의 속도.

7. 금속에 빛을 쬐어 주면 전자가 튀어나오는 현상. 이 현상의 세부적인 사항들은 기존의 이론으로 설명할 수 없었다.

8. 보어의 논문 「분자와 원자의 구성(On the constitution of atoms and molecules)」의 우리말 번역본도 앨런 라이트먼의 『과학의 천재들』에서 볼 수 있다. 원래 논문 출처는 다음과 같다. Niels Bohr, *Philosophical Magazine*. 26:1-25 (1913).

9. 흡수, 방출하는 빛의 주파수는 다음과 같은 수식으로 주어진다.

$$\nu = 3.29 \times 10^{15} \left(\frac{1}{n^2} - \frac{1}{m^2} \right) \text{Hz}.$$

10. 오늘날의 형태로 써 보면 $L = n\hbar$ 이다. 여기서 L 은 각운동량, $\hbar$ 는 플랑크 상수 h 를 2π 로 나눈 값, n 은 자연수다.

11. 만화로 된 보어의 전기가 있다. 짐 오타비아니 글, 릴런드 퍼비스 그림 『닐스 보어: 20세기 양자 역학의 역사를 연 천재』(김소정 옮김, 푸른지식, 2015년)가 그 책이다. 만화책이라고 얕잡아 보면 안 된다. 웬만한 책보다 훌륭하다.

12. 이 주제에 대한 리뷰로는 Pauling, L., "The application of the quantum mechanics to the structure of the hydrogen molecule and hydrogen molecule-ion and to related problems", *Chemical Reviews*, 5 (2): 173–213 (1928)을 보라.

13. 수학은 공리에서 출발한다. 공리는 무조건 옳다고 가정하는 진술이다. 이후의 모든 결과는 공리로부터 연역된다. 연역적으로 얻었다는 것은 1+1=2에서 1+1과 2와 같이 어차피 같은 것을 다른 문장으로 표현한 것에 불과하다는 뜻이다. 같은 말을 반복하고 있는 것이니 무조건 옳다.

5장 과학 역사상 가장 기이한 도약

1. 베르너 하이젠베르크, 『부분과 전체』(김용준 옮김, 지식산업사, 1982, 1995, 2005년)에서.

2. 1932년 노벨 물리학상 수상자이기도 한 하이젠베르크의 자서전 『부분과 전체』(김용준 옮김, 지식산업사, 1982, 1995, 2005년)는 내용의 심오함 때문에 인문학 필독서이기도 하다.

3. 엄친아는 '엄마 친구의 아들'의 줄임말. 성적, 능력, 인성 등에서 완벽한 조건을 갖춘 남자를 가리키는 유행어.

4. *Zeitschrift für Physik*, 33, 879 (1925)에 처음 실린 이 논문의 독일어 원본 및 영어 번역본은 모두 인터넷에서 찾아볼 수 있다. der Waerden, B. L. Van, *Source of Quantum Mechanics* (Dover Publications Inc. New York, 1967)에서도 볼 수 있다. 이 책은 양자 역학의 탄생과 관련한 논문 원본들의 영어 번역본을 모은 것이다.

5. 간단한 수학이란 '푸리에(Fourier) 급수'를 가리킨다. 일반적으로 ν를 주파수로 갖는 진동 운동하는 물체의 위치는 $X(t) = \sum_{n=-\infty}^{\infty} \exp(2\pi i \nu_n t) X_n$ 으로 표현된다. 이제 진동수가 ν_{mn} 으로 주어지면 위치도 다른 형태로 쓰여야 한다. $X_{mn}(t) = \exp(2\pi i \nu_{mn} t) X_{mn}(0)$. 이 때문에 위치가 행렬이 된다.

6. 사실 하이젠베르크는 행렬의 수학에 대해 알지 못했다. 그는 빛이 나오는 과정을 생각하며 진동수가 가져야 하는 수학적 구조를 찾아냈다. 나중에 그가 찾은 복잡한 규칙이 행렬임이 밝혀진다.

7. 두 행렬의 곱은 순서를 바꿀 때 같지 않다. 예를 들어, $X = \begin{pmatrix} 1 & 2 \\ 3 & 4 \end{pmatrix}, P = \begin{pmatrix} 4 & 3 \\ 2 & 1 \end{pmatrix}$ 라면 $XP = \begin{pmatrix} 1 & 2 \\ 3 & 4 \end{pmatrix}\begin{pmatrix} 4 & 3 \\ 2 & 1 \end{pmatrix} = \begin{pmatrix} 8 & 5 \\ 20 & 13 \end{pmatrix}, PX = \begin{pmatrix} 4 & 3 \\ 2 & 1 \end{pmatrix}\begin{pmatrix} 1 & 2 \\ 3 & 4 \end{pmatrix} = \begin{pmatrix} 13 & 20 \\ 5 & 8 \end{pmatrix}$ 으로 서로 다르다.

8. 수식으로 표현하면 $XP - PX = i\hbar$ 이다. 식의 오른쪽 항에 양자 역학에서 가장 중요

한 플랑크 상수 $\hbar$가 등장했음에 주목하라.

9. 이 논문은 *Zeitschrift für Physik*, 36, 336 (1926)에 실렸다.

10. 더글러스 애덤스의 소설 『은하수를 여행하는 히치하이커를 위한 안내서』에는 '무한 불가능 확률 추진기'라는 장치가 나온다. 이 장치는 양자 역학적인 원리를 이용하여 도저히 일어날 법하지 않은 일을 일으킨다. 예를 들면 날아오던 미사일 2개가 갑자기 고래와 페튜니아 화분으로 변해버릴 수 있다.

11. 1933년 노벨 물리학상 수상자인 슈뢰딩거의 평전이 우리말로 번역 출간된 적이 있다. 월터 무어의 『슈뢰딩거의 삶』(전대호 옮김, 사이언스북스, 1997년)이 그 책이다. 현재는 절판된 상태이다.

12. 이 논문은 *Annalen der Physik*, 384(4) 273 (1926)에 실렸다.

13. 왼쪽 항은 파동 함수 Ψ의 시간에 따른 변화를 나타낸다. 물리학의 방정식들은 운동을 기술한다. 적당한 물리량의 시간 변화, 즉 미분으로 운동을 기술하자는 것이 물리학의 아버지 뉴턴이 남긴 유산이다. 오른쪽 항은 파동 함수의 공간적 변화를 나타낸다. 삼각형을 뒤집어 놓은 것이 공간에 대한 미분을 의미한다. V는 퍼텐셜 에너지라는 것인데, 다루는 계의 특성을 반영하기 때문에 문제에 따라 달라진다. 엄밀히 말하면, 첫 논문에서는 시간에 대한 변화를 고려하지 않았다. 하지만 이어지는 논문에서 시간 변화를 고려한 슈뢰딩거 방정식을 발표했고, 이것이 본문에서 소개한 방정식이다.

14. 고윳값 방정식이란 $Ax = ax$의 형태를 갖는 방정식을 말한다. 여기서 A는 선형 연산자라 불리는 것인데, 행렬이나 함수, 미분 기호 등이 그 역할을 할 수 있다. 이 식을 풀면 x와 a가 동시에 구해진다.

6장 이론이 결정한다!

1. 물론 하이젠베르크 시대의 이 예상은 틀렸다. 양자 주사 현미경(Scanning Tunneling Microscope)을 이용하면 원자를 볼 수 있다. 원자 몇 개 크기에 불과한 작은 탐침의 움직임을 전자적으로 제어하여 원자 크기의 길이를 측정할 수 있다. 게르트 비니히와 하인리히 로러는 양자 주사 현미경을 개발한 공로로 1986년 노벨 물리학상을 수상했다.

2. 오늘날 하이젠베르크의 불확정성 원리는 파동의 관점으로 쉽게 이해된다. 물질의 파동 함수는 위치만으로 기술하거나 운동량만으로 기술할 수 있지만, 이 둘을 동시에 사용

하여 기술할 수는 없다. 위치 파동 함수와 운동량 파동 함수는 서로 푸리에 변환 관계에 있다. 푸리에 변환 관계에 있는 두 파동 함수에서 위치와 운동량의 부정확도는 수학적으로 불확정성 원리를 만족한다.

3. 엑스선을 결정과 같이 주기적인 구조를 가진 고체 물질에 쬐면 회절상이 얻어진다. 이로부터 고체의 결정 구조에 대한 정보를 얻을 수 있다. 이 관계를 브래그의 법칙이라고 하는데, 고체의 내부 구조를 연구하는 데 널리 쓰인다. DNA의 이중 나선 구조도 엑스선 회절 실험으로 얻어졌다.

4. 미국 캔자스 주 교육 위원회가 창조론의 일종인 지적 설계론을 생물학 교육 과정에 넣어야 한다는 결정을 내린 적이 있다. 이에 항의해 바비 핸더슨이란 사람이 종교를 하나 만들었는데, 여기서는 '날아다니는 스파게티 괴물'을 숭배한다. 지적 설계론을 가르친다면 '날아다니는 스파게티 괴물'도 가르쳐야 한다는 것이다.

5. 이 이야기는 만지트 쿠마르의 『양자 혁명: 양자 물리학 100년사』(까치글방, 2014년)에 나온다.

7장 신은 주사위를 던진다

1. 버트런드 러셀, 『서양 철학사』(서상복 옮김, 을유문화사, 2009년).

2. 샘 해리스, 『자유 의지는 없다』(배현 옮김, 시공사, 2013년).

3. 대니얼 데닛, 『자유는 진화한다』(이한음 옮김, 동녘사이언스, 2009년).

4. 주사위가 바닥에 몇 번 튕기거나 구르는 경우 결과를 예측하기는 쉽지 않다. 이것은 카오스가 일어나는 상황이라 할 수 있다. 그래도 원리적으로는 예측할 수 있다.

8장 불확정성 원리의 불확정성?

1. 진실(truth)과 명료함(clarity)이 상보적이라고 한 것도 보인다.

2. 이런 것은 수식으로 쓰는 것이 더 명료하다. $p = \frac{h}{\lambda}$. 여기서 p는 빛의 운동량, h는 플랑크 상수, λ는 빛의 파장이다.

3. Scully, M. O., Englert, B. G. & Walther, H., "Quantum optical tests of complementarity" *Nature*, vol. 351, 111 (1991).

4. Durr, S., Nonn, T. & Rempe, G., "Origin of quantum-mechanical complementarity

김상욱의 양자 공부

probed by a which-way experiment in an atom interferometer" *Nature*, vol. 395, 33 (1998).

5. 하이젠버그에 대해서는 위키피디아를 참고했다. https://en.wikipedia.org/wiki/Heisenbug.

6. Erhart, J., Sponar, S., Sulyok, G., Badurek, G., Ozawa, M. & Hasegawa, Y., "Experimental demonstration of a universally valid error-disturbance uncertainty relation in spin measurements" *Nature Physics*, vol. 8, 185 (2012).

7. Busch, P., Lahti P. & Werner, R. F., "Colloquium: Quantum root-mean-square error and measurement uncertainty relations", *Reviews of Modern Physics*, vol. 86, 1261 (2014).

8. Hanneke, D., Fogwell, S. & Gabrielse, G., "New measurement of the electron magnetic moment and the fine structure constant", *Physics Review Letters*, vol. 100, 120801 (2008).

9장 EPR 패러독스, 양자 얽힘

1. 영화 「매트릭스」는 철학적으로 심오한 내용을 담고 있다. 오죽하면 17명의 철학자들이 이 영화를 주제로 책을 썼겠는가? 슬라예보 지젝 외, 『매트릭스로 철학하기』(이운경 옮김, 한문화, 2003년).

2. 장자가 꿈속에서 나비가 되었다는 고사 성어. 꿈에서 깨어난 장자는 내가 나비인지 나비가 나인지 알 수 없다며 인생의 덧없음을 깨달았다고 한다.

3. Einstein, A., Podolsky, B. & Rosen, N., "Can quantum-mechanical description of physical reality be considered complete?", *Physical Review*, vol. 47, 777 (1935).

4. Schrödinger, E., "Discussion of probability relations between separated systems", *Mathematical Proceedings of the Cambridge Philosophical Society*, vol. 31, 555 (1935).

5. Schrödinger, E., "Probability relations between separated systems", *Mathematical Proceedings of the Cambridge Philosophical Society*, vol. 32, 446 (1936).

6. Neumann, J. von, *Mathematical Foundations of Quantum Mechanics*, Princeton University Press; 1st edition (1955).

7.	Bell, J. S., "On the Einstein Podolsky Rosen paradox", *Physics*, vol. 1, 195 (1964).

8.	Bell, J. S., "On the problem of hidden variables in quantum mechanics", *Reviews of Modern Physics*, vol. 38, 447 (1966).

9.	CHSH 부등식의 우변은 아래와 같이 바꿀 수 있다.

$$E = AC + AD + BC - BD = A(C + D) + B(C - D).$$

C와 D는 +1과 −1의 값만 가질 수 있으므로 수학적으로 $C+D$와 $C-D$가 가질 수 있는 값은 각각 (+2,0), (0,+2), (0,−2), (−2,0)의 네 가지 경우뿐이다. 자세히 보면 둘 중의 하나는 반드시 0임을 알 수 있다. 따라서 E는 $2A$ 또는 $2B$가 된다. A와 B는 역시 +1, −1만 될 수 있으므로 E는 +2 또는 −2가 됨을 알 수 있다. 따라서 아래의 부등식을 얻는다.

$$AC + AD + BC - BD \le 2.$$

이 부등식을 유도할 때, A, B, C, D가 갖는 확률 분포에 대해 어떤 언급도 한 적이 없다는 점을 강조하고 싶다.

10.	Aspect, A., Grangier, P., Roger, G., "Experimental tests of realistic local theories via bell's theorem", *Physic Review Letters*, vol. 47, 460 (1981).

11.	Aspect, A., Grangier, P., Roger, G., "Experimental test of bell's inequalities using time-varying analyzers", *Physic Review Letters*, vol. 49, 1804 (1982).

12.	Hensen, B. et al., "Loophole-free Bell inequality violation using electron spins separated by 1.3 kilometres", *Nature*, vol. 526, 682 (2015).

퀀텀 소네트

1.	소네트는 영국 정형시의 일종으로 ABAB CDCD EFEF GG 형태의 각운을 갖는 것이 특징이다.

10장 양자 역학 없는 세상

1.	반도체에 불순물을 첨가하면 여분의 전자가 생긴다. 이 전자들이 비어있는 띠에 들어가 자유 전자가 될 수 있다. 온도나 빛으로도 자유 전자를 만들 수 있지만, 이 경우 훨씬

더 많은 자유 전자를 얻을 수 있다. 뿐만 아니라 자유 전자의 양을 제어하기 쉽다. 참고로 온도를 바꾸며 사용하는 것은 쉬운 일이 아니다. 스마트폰을 쓰기 위해 섭씨 50도로 가열해야한다면 조만간 미쳐 버릴 거다. 불순물의 종류에 따라 n형 반도체, p형 반도체가 있는데, 여기서는 n형 반도체만 설명했다. p형 반도체는 부록의 용어 해설을 보시라.

11장 양자 역학에 카오스는 없다

1. 카오스에 대한 최고의 입문서는 제임스 글릭의 『카오스: 새로운 과학의 출현』(박래선 옮김, 동아시아, 2013년)다. 카오스에 관하여 이것보다 좋은 책은 보지 못했다. 이 책을 읽다 보면 자기가 하던 연구를 때려치우고 카오스를 연구하고 싶어진다는 전설이 있다.

2. Weinberg, S., "Precision tests of quantum mechanics", *Physical Review Letters*, 62, 485 (1989)

3. Peres, A., "Nonlinear variants of Schrödinger's equation violate the second law of thermodynamics", *Physical Review Letters*, 63, 1114 (1989)

4. 고등학교 물리 및 이과 수학을 배운 사람을 위한 초간단 증명. 진자의 역학적 에너지는 $E = \frac{p^2}{2m} + \frac{1}{2}kx^2$ 으로 나타낼 수 있다. 이것을 다시 쓰면 xp 좌표계에서 타원의 방정식 $\frac{x^2}{2/k} + \frac{p^2}{2mE} = 1$이 된다. Q.E.D.

12장 세상에서 가장 강력한 양자 컴퓨터

1. Vandersypen, L. M., Steffen, M., Breyta, G., Yannoni, C. S., Sherwood, M. H., & Chuang, I. L., "Experimental realization of Shor's quantum factoring algorithm using nuclear magnetic resonance", *Nature*, vol. 414, 883-887 (2001).

2. Lucero, E., Barends, R., Chen, Y., Kelly, J., Mariantoni, M., Megrant, A., O'Malley, P., Sank, D., Vainsencher, A., Wenner, J., White, T., Yin, Y., Cleland, A. N., & Martinis, J. M., "Computing prime factors with a Josephson phase qubit quantum processor", *Nature Physics*, vol. 8, 719-723 (2012).

3. Xu, N., Zhu, J., Lu, D., Zhou, X., Peng, X. & J Du, "Quantum factorization of 143 on a dipolar-coupling nuclear magnetic resonance system", *Physic Review Letters*, 108, 130501 (2012).

4. Cho, A., "Quantum or not, controversial computer runs no faster than a normal one" *Science* (19 Jun. 2014).

5. Denchev, V. S., Boixo, S., Isakov, S. V., Ding, N., Babbush, R., Smelyanskiy, V., Martinis, J. and Neven, H., "What is the computational value of finite-range tunneling?", *Physical Review X* 6, 031015 (2016).

6. Gibney, E., "D-Wave upgrade: How scientists are using the world's most controversial quantum computer," *Nature* 541, 447, (26 January 2017).

7. Arute, F., et al., "Quantum supremacy using a programmable superconducting processor," *Nature* 574, 505 (23 October 2019).

8. Google AI Quantum and Collaborators, "Hartree-Fock on a superconducting qubit quantum computer," *Science* 69, 1084 (28 Aug 2020).

13장 다세계 해석: 양자 다중 우주

1. Everett, H., "Relative state formulation of quantum mechanics", *Reviews of Modern Physics*, 29, 454-462 (1957).

2. 예를 들어, 데이비드 그리피스의 *Introduction to Quantum Mechanics* 2nd Ed. (Pearson Prentice Hall, London, 2004)를 보라.

3. 아인슈타인의 특수 상대성 이론에는 두 가지 가정이 있다. 모든 관성계에서 물리 법칙이 동일하고 빛의 속도는 똑같다는 것이다. 관성계란 일정한 속도로 움직이는 좌표계를 말한다. 당신이 기차에 타서 창밖을 보고 있을 때, 자신의 기차가 움직이는데도 옆의 기차가 움직인다고 착각할 수 있다. 관성계에 있는 관측자는 자신이 정지해 있다고 생각하기 때문이다. 사실 모든 관성계에서 물리 법칙은 동일하기 때문에 특정 관성계의 결과가 옳다고 주장할 수 없다. 즉 모든 관성계가 동등하다는 말이다.

4. 다중 우주에 대해서는 브라이언 그린의 『멀티 유니버스』(박병철 옮김, 김영사, 2011년)를 참조하시라. 다중 우주의 여러 종류에 대해 일목요연하게 정리해 놓았다.

14장 생명의 양자 도약

1. 에르빈 슈뢰딩거, 『생명이란 무엇인가 · 정신과 물질』(전대호 옮김, 궁리출판, 2007년).

2. Engel, G. S., Calhoun, T. R., Read, E. L., Ahn, T. K., Mancal, T., Cheng, Y. C., Blankenship, R. E., Fleming, G. R., "Evidence for wavelike energy transfer through quantum coherence in photosynthetic systems", *Nature* 446, 782 (2007).

3. Ritz, T., Thalau, P., Phillips, J. B., Wiltschko, R., Wiltschko, W., "Resonance effects indicate a radical-pair mechanism for avian magnetic compass", *Nature* 429, 177 (2004).

4. 정확히 말하면 이 두 상태는 전자의 일중항(singlet)과 삼중항(triplet) 상태다.

5. 엄밀히 말해서 일중항(singlet) 상태와 삼중항(triplet) 상태가 지구 자기장하에서 제이만 분열(Zeeman spltting)된 것을 이용하는 것이다.

6. 로저 펜로즈, 『황제의 새마음』(박승수 옮김, 이화여자대학교출판문화원, 1996년).

7. 펜로즈의 자세한 논의를 보고 싶은 사람은 로저 펜로즈, 『마음의 그림자』(노태복 옮김, 승산, 2014년)를 보시라.

8. 이 부분에 대한 논의는 로저 펜로즈, 스티븐 호킹, 에브너 시모니, 낸시 카트라이트, 『우주 양자 마음』(최경희, 김성원 옮김, 사이언스북스, 2002년)을 보시라.

15장 비트에서 존재로: it from bit

1. 로그에는 밑이 있다. 여기서는 자연 로그, 즉 밑이 자연 대수 e인 경우를 가정했다. 정보의 경우 비트를 단위로 하는 경우가 많아 보통 2를 밑으로 한다.

2. 정확히는 정보 엔트로피에 k_B로 표시하는 볼츠만 상수를 곱해 주어야 한다.

3. '!'은 '계승' 혹은 '팩토리알 함수'를 나타낸다. 예를 들어 5!=5×4×3×2×1이다.

4. Maxwell, James Clerk, *Theory of Heat*, Longmans Green Co. (1908).

5. Bérut, A., Arakelyan, A., Petrosyan, Ciliberto, S., Dillenschneider, R. & Lutz, E., "Experimental verification of Landauer's principle linking information and thermodynamics", *Nature* 483, 187-189 (2012).

6. Jonne V. Koski, a,1 Ville F. Maisi, a,b,c Jukka P. Pekola,a and Dmitri V. Averin, "Experimental realization of a Szilard engine with a single electron" Proc. Natl. Acad. Sci. 111, 13786 (2014).

7. S. Dürr, T. Nonn & G. Rempe "Origin of quantum-mechanical complementarity

probed by a 'which-way' experiment in an atom interferometer" *Nature* 395, 33 (1998)

8. 사실 이 부분이 가장 미묘하다. 원자의 내부 상태를 조작하기 위해서는 내부 상태들이 갖는 에너지 차에 해당하는 전자기파를 흡수/방출해야 한다. 원자가 이런 전자기파를 흡수/방출할 때 받는 교란의 정도는 그 에너지 차에 비례한다. 따라서 그 에너지 차에 의한 교란이 이중 슬릿의 간섭 무늬를 흐트러뜨릴 수 있을 정도보다 작아야 한다.

퀀텀 하이쿠!

1. 하이쿠(俳句)는 일본 정형시의 일종이다. 각 행마다 5, 7, 5 모두 17음으로 되어 있으며, 계절을 나타내는 키고(季語)가 들어 있다.

에필로그: 양자 역학 사용 설명서

1. 양자 역학의 창시자 닐스 보어는 "양자 역학을 연구하면서 어지럽지 않은 사람은 그것을 제대로 이해 못한 것이다."라고 이야기했다.

2. 유클리드 기하학은 몇 가지 정의와 공리에서 출발하여 모든 것을 연역적으로 이끌어낸다. 데카르트는 이것을 철학에 적용했고, 뉴턴은 물리학에 적용했다. 모든 물체의 운동은 뉴턴의 운동 법칙 3개로 설명할 수 있다.

3. 물리학에서는 이런 상황을 '상자 안의 입자'라고 부른다. 지루하다고 했지만, 열역학의 모태가 된 '기체 분자 운동론'은 상자 안 입자들의 운동을 생각하며 시작된다.

4. 뉴턴 역학에서 에너지는 운동 에너지와 위치 에너지로 구성된다.

5. 일정한 속도로 움직이는 물체의 시간 t에서의 위치는 $x(t) = x(0) + vt$ 로 주어진다. 단, 우리가 다루는 공은 널빤지 안에 갇혀 있으므로 벽에 부딪힐 때마다 속도 v의 부호를 바꾸어 주어야 한다. 더 멋진 기술 방법도 있지만 약간의 수학이 필요하니 자세히 이야기하지는 않겠다.

6. 사실 이 정도의 좁은 공간에 넣을 수 있는 것은 이미 원자뿐이다. 10나노미터 길이에 가장 작은 원자인 수소를 일렬로 늘어세우면 100개 정도가 들어간다.

7. 오늘날 양자점(quantum dot)이라 불리는 이런 구조는 반도체 공정을 통해 쉽게 구현된다.

8. '줄(J)'은 에너지의 단위다.

9. 사인 함수가 $\sin kx$ 라면 파장은 $\dfrac{2\pi}{\lambda}$ 로 주어진다.

10. 도레미와 같은 음은 서로 파장이 다를 뿐이다. 즉 현악기 줄의 길이가 음을 결정한다는 것이다. 이렇게 음악은 수학이 된다.

11. 뉴턴 역학에 따른 에너지 식은 $E = \dfrac{1}{2}mv^2$ 이다. 여기에 드 브로이의 공식을 넣으면

$$E = \frac{1}{2}m\left(\frac{h}{m\lambda}\right)^2 = \frac{h^2}{2m\lambda^2}$$

이 된다. 여기에 널빤지 사이에 갇힌 파동의 파장 공식을 넣어 주면 최종 결과를 얻을 수 있다.

$$E = \frac{h^2}{2m\lambda^2} = \frac{h^2}{2m(2L/n)^2} = \frac{h^2}{8mL^2}n^2$$

당신은 지금 물리학과 3학년생이나 구할 수 있는 양자 역학적 에너지를 얻은 것이다!

12. "날아가던 인공 위성이 고래와 부딪치면 국제 포경 규제 조약 위반인가?"가 비슷한 예다.

13. $-\dfrac{\hbar^2}{2m}\nabla^2\psi + V\psi = E\psi$ 로 나타내는데, 이것을 풀면 에너지 E와 그에 대응하는 상태 함수 ψ 가 정해진다. 상태 함수 ψ 는 파동의 변위를 나타내는데, 원자가 발견될 확률을 준다.

찾아보기

김상욱의
양자 공부

1판 1쇄 펴냄 2017년 12월 8일
1판 23쇄 펴냄 2024년 5월 31일

지은이 김상욱
펴낸이 박상준
펴낸곳 (주)사이언스북스

출판등록 1997. 3. 24.(제16-1444호)
(06027) 서울특별시 강남구 도산대로1길 62
대표전화 515-2000, 팩시밀리 515-2007
편집부 517-4263, 팩시밀리 514-2329
www.sciencebooks.co.kr

ISBN 978-89-8371-891-4 03420

추천의 말

그럴 때가 있는 법이다. 감히 읽어 볼 엄두를 내지 못할 내용인지라 아예 거들떠보지도 않은 분야의 책을 오로지 그이가 썼기 때문에 용기를 내어 읽어 보는 일 말이다. 내가 아무리 지적 호기심이 왕성하고 과학 책도 잘 읽는 편이지만, 양자 역학 책을 읽을 줄을 몰랐다. 세상에는 읽을 책이 넘쳐 나고, 읽을 시간은 늘 부족하지 않은가. 그런데 김상욱 교수가 큰 맘 먹고 수식이나 공식이 나오면 책을 무조건 덮는 이들도 알아먹을 만한 양자 역학 책을 썼다 하니, 아니 읽어 볼 도리가 있겠는가. 속으로는 중도에 포기할까 봐 걱정되었지만, 감히 읽어 보았지 않겠는가! 결과는. 말해 무엇 하는가. 지금 이렇게 추천사를 쓰고 있으니. 가끔, 그러니까 아주 가끔 귀신 씻나락 까먹는 이야기가 나오고 눈알 어지럽게 하는 공식이 나오지만, 마침내 양자 역학의 진면목을 만나는 데 성공했다.

양자 역학, 어려워 마시길. 이 책은 읽는이를 최소한 아인슈타인 수준으로 이끌어 준다. 그도 결국에는 양자 역학을 이해하지 못했으니까. 이 책은 읽는이를 보어와 하이젠베르크의 수준으로 이끌어 준다. 양자 역학이라는 과학 혁명을 이끈 쌍두마차이니까. 그러다 보면 깨우치게 된다. 양자 역학을 아느냐 모르냐가 중요한 것이 아니라는 것을. 양자 역학 이해를 가로막는 가장 큰 걸림돌은 우리의 직관과 상식과 언어다. 중요한 것은 과학 정신이다. 늘 의심하고 회의하고 비판하고 대안을 찾는 지적 도전과 성실성 말이다. 오호, 이런 깨우침은 아무나 주는 것이 아니다. 감히 말하건대 『김상욱의 양자 공부』는 양자 역학의 은하계를 여행하는 히치하이커를 위한 최적의 안내서다. —이권우(도서 평론가)